ライブラリ 数学コア・テキスト―1

コア・テキスト
線形代数

鈴木香織　著

サイエンス社

編者のことば

　理工系初年次の大学生にとって，数学は必須の科目の一つであり，また実際にその後の勉強，研究に欠かせない道具である．理工系の大学生はみな，高校までかなりの時間を数学の勉強に費やしてきたはずだが，大学に入って，数学の勉強に苦労した，どうやって勉強したらいいのかわからない，という声が多くある．もともと大学の講義や教科書は，高校までに比べ「不親切」といわれることが多く，抽象的過ぎて例や動機の説明が不足していたり，問題演習があまりないケースも少なくない．さらに演習問題があっても解答がなかったり，あるいはごく簡略であったりなど，高校までの数学学習の中心が問題演習であったことと大きく違っていることも戸惑いの原因の一つである．その上，高校までの課程も時代と共に変わってきており，これまで以上に，学生の立場に立った教科書が求められている．

　本ライブラリはこのような要請に応え，新たなスタイルの教科書を目指すものである．高校までの課程で数学を十分には学んでいない場合も考え，基礎的な部分からていねいに，詳しく，わかりやすく解説する．内容は徹底的に精選し，理論的な側面には深入りしない．計算を省略せず，解答例を詳しく説明する．実際の執筆は，大学でこのような講義を実践されている，若手だが経験と熱意にあふれている方々にお願いした．

　本ライブラリがこのような目的にかない，高校までの参考書，問題集と同様に，あるいはそれ以上に読者の皆さんの役に立ち，長い間にわたって手元においていただけるようになることを願っている．

2009 年 10 月

編者　河東泰之

はじめに

　線形代数の教科書は現在に至るまで既に数多く出版されています．その中に新たに本書を加えるにあたり，高校時代にベクトルや行列に馴染みのなかった学生であっても自分で学び，読み進めることが可能なように配慮しました．例題，問の数は半期の講義に最適な分量に絞りました．いくつかの問題を除けば，煩雑な計算よりも，正解への手順を理解しているかを確認できるようなものを選んだつもりです．検算の仕方を適時示してありますので，物足りない読者の方たちは是非自分で新しく問題を作って解いてみましょう．1 を 2 に，あるいは -3 にするだけで計算が難しくなることもあるはずです．

　読者の方たちに期待することはただ単に正しい計算をし，答えの数字を出せるかではありません．定義や定理，例題の解答などを何も参照せずに，日本語を使った説明を途中に含めた解答を導けるかという点に重点を置いて解いて欲しいと考えています．まず最初に正解にたどり着けるか，次により早く解けるか，さらにより短く（必要かつ十分な）答案が書けるかを繰り返して下さい．期末試験対策としては章末で扱われている問題より少し難しく，計算が長く（そして対象が大きな行列に）変わっても大丈夫か，が加わることになります．

　本書の構成は以下の通りです．

　第 1 章では行列の基本的な事柄を学びます．

　第 2 章では 2 次正方行列について，逆行列，行列式，クラメールの公式やガウスの掃き出し法による連立 1 次方程式の解法を一通り学びます．特に掃き出し法で使われる基本変形は線形計画法などにも用いられる大切なものです．

　第 3 章は主に 2 次および 3 次元のベクトルについてです．これによりこの教科書の前半のテーマである "連立 1 次方程式の解" の幾何学的理解が容易になると考えています．既に高校時代に学習している場合には軽く確認するに留めても構いません．

　第 4 章は再び一般の行列と連立 1 次方程式の解法に戻ります．通常の教科書とは異なり，階数を後半に扱っています．これはまず，解が一意に存在する簡

単な場合について，実際に自分の手であれこれと計算してみることができるようにという理由からです．

　第5章はベクトル空間についてです．この章で取り扱われている対象は大学で学ぶ線形代数の項目の中で最も抽象的で，難しく感じられるものだと思われます．"線形性"という言葉についての理解と共に，証明をきちんと書く力を身に付けて欲しいと考えています．

　第6章は固有値，固有ベクトルと行列の対角化についてです．応用として2次形式と2次曲線の分類についても軽く触れています．

　第1章から4章までが第1部，5章，6章が第2部という構成で，それぞれ中間テストを含め14回分の授業として想定されています．時間に余裕がある場合には，先生方に適時付録の話題などを取り入れていただければと思います．

　執筆にあたって多くの本を参考にさせていただきました．その中でも以下の本には特にお世話になりました．
- ハワード・アントン著『アントンのやさしい線型代数』現代数学社
- 中岡稔，服部晶夫著『線型代数入門—大学理工系の代数・幾何』紀伊國屋書店

これら2冊は非常に丁寧にかつ易しく書かれています．

　他の線形代数の教科書として
- 渡辺敬一，泊昌孝，松浦豊著『具体例から始める線型代数』日本評論社
- 中村郁著『線形代数学』数学書房

も挙げておきます．前者は本書と同様に2次正方行列から始めていますが内積空間を取り扱ったり，ジョルダン標準形まで進んでいます．後者は丁寧な解説とともに，興味深い具体的な応用についても数多く書かれています．本書に物足りなくなった読者の方たちは是非これらの本も読んでください．

　本書の執筆をお勧めくださり，完成まで暖かく励ましてくださった河東泰之先生に深く感謝します．本書は今まで著者の授業を受け，質問や感想を述べてくれた学生たちの影響を大きく受けています．彼らと，内容について有益な助言を下さった多くの方達へ共に感謝いたします．最後に完成にあたり辛抱強くご助力を下さいました編集・校正担当のサイエンス社の田島伸彦氏と渡辺はるか氏に感謝いたします．

2010年　夏

鈴木香織

目 次

第1章 行　列　　1
- 1.1 行　　列　　1
- 1.2 いろいろな行列　　5
- 1.3 行列の演算　　7
  - 1.3.1 行列の和と差　　7
  - 1.3.2 行列のスカラー倍　　8
  - 1.3.3 行 列 の 積　　10
- 第1章 演習問題　　15

第2章 2次正方行列と行列式　　16
- 2.1 2次正方行列の逆行列と行列式　　16
- 2.2 2次正方行列の連立1次方程式の解法　　19
  - 2.2.1 クラメールの公式　　19
  - 2.2.2 基本変形と掃き出し法　　20
  - 2.2.3 逆行列を用いた方法　　24
- 第2章 演習問題　　28

第3章 平面および空間のベクトル　　29
- 3.1 ベ ク ト ル　　29
  - 3.1.1 ベクトルの図形的表現　　29
  - 3.1.2 ベクトルの成分表示　　33
  - 3.1.3 ノ ル ム　　36
- 3.2 内　　積　　38
- 3.3 ベクトルのパラメータ表示　　40
  - 3.3.1 内分と外分　　40

　　　　3.3.2　直線のパラメータ表示 42
　　　　3.3.3　平面のパラメータ表示 44
　第3章　演習問題 47

第4章　一般の行列と行列式　49

4.1　行列式 49
　　4.1.1　サラスの公式 49
　　4.1.2　余因子展開定理 53
4.2　クラメールの公式 57
4.3　掃き出し法 60
4.4　逆行列 62
4.5　行列の階数と連立方程式 65
　　4.5.1　行列の階数 65
　　4.5.2　一般の連立方程式の解き方 70
第4章　演習問題 74

第5章　ベクトル空間　75

5.1　ベクトル空間と部分ベクトル空間 75
　　5.1.1　集合の記号：予備知識として 75
　　5.1.2　ベクトル空間 77
　　5.1.3　部分ベクトル空間 78
5.2　1次独立と1次従属 80
　　5.2.1　1次結合 80
　　5.2.2　1次独立と1次従属 82
5.3　基底と次元 84
5.4　線形写像 88
　　5.4.1　いろいろな写像 88
　　5.4.2　線形写像 92
　　5.4.3　核と像 94
5.5　表現行列と基底変換 96
第5章　演習問題 99

第 6 章　固有値と対角化　　100

- 6.1　固有値と固有ベクトル 100
- 6.2　行列の対角化 103
- 6.3　シュミットの正規直交化法 106
- 6.4　対称行列の対角化 111
  - 6.4.1　直 交 行 列 111
  - 6.4.2　対称行列の対角化 113
- 6.5　2 次曲線の分類 118
  - 6.5.1　2 次形式と 2 次曲線 118
  - 6.5.2　平行移動と回転 122
- 第 6 章　演習問題 127

付　録　　128

- A.1　ベクトルの外積 128
- A.2　連立 1 次方程式の解法 130
- A.3　単 体 法 134
- A.4　基底の取りかえ行列と表現行列について 139

解　答　　140

索　引　　165

コラム一覧

クロネッカーのデルタ　　14

第1章

行　列

この章では"行列"について,関連するさまざまな記号を学び,計算ができるようにする.連立1次方程式を解くという目標に向かって進んで行く.

本書では行列を例えば $\begin{bmatrix} 3 & -1 \\ 4 & 2 \end{bmatrix}$ という記号で表しているが,これは $\begin{pmatrix} 3 & -1 \\ 4 & 2 \end{pmatrix}$ と同じものである.

■ 1.1　行　列

例えば

$$\begin{bmatrix} 3 & -1 & 6 & 0 \\ 4 & \sqrt{2} & 2 & \frac{2}{3} \end{bmatrix} \qquad \cdots (*)$$

のように,いくつかの実数を長方形状に配列したものを**行列**(**matrix**)とよぶ.上の行列 $(*)$ には下図のように2つの行(横の並び)と4つの列(縦の並び)がある.

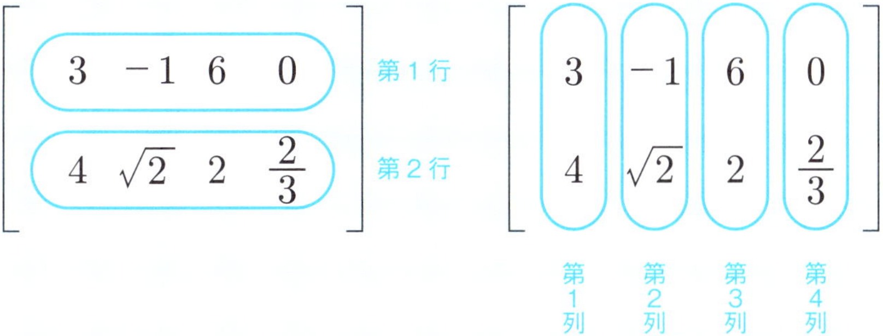

図 1.1

第1章 行　列

> **定義 1.1**　行列の行の数が m, 列の数が n であるとき, その行列を m 行 n 列の行列あるいは $m\times n$ 行列とよぶ. このとき (m, n) を行列の型とよぶ.

例 1.1　前ページの行列 $(*)$ は 2×4 行列. 型は $(2, 4)$ 型.　□

> **定義 1.2**　行列を構成する一つ一つの数を行列の**成分**とよぶ. ある成分が第 i 行に属し, かつ第 j 列に属するとき, その成分を (i, j) **成分**とよぶ. (第 i 行と第 j 列の交差する位置にある.)

例 1.2　前ページの行列 $(*)$ の $(2, 3)$ 成分は 2.　□

行列を 1 つのものとして考えるときに, 英語の大文字で表す. 例えば,

$$A = \begin{bmatrix} 1 & 2 & 3 \\ 4 & 5 & 6 \\ 7 & 8 & 9 \end{bmatrix}, \quad B = \begin{bmatrix} 0 & 0 & 1 \\ -1 & 2 & 4 \end{bmatrix}$$

などと書く.

注意 1.1　行と列は誰でも良く間違えます. 覚え方としては下図のように行と列のつくりに注目しましょう. 図で青く示した, 横棒 2 本から「行は横並び」, 縦棒 2 本から「列は縦並び」, と連想できる.

図 1.2

> **例題 1.1**　**行列の基本用語**
> $A = \begin{bmatrix} 2 & 3.5 & 0 \\ \sqrt{3} & -1 & 4 \end{bmatrix}$ とする.

(1) A の型を述べよ.
(2) A の $(1, 2)$ 成分はどれか.
(3) $\sqrt{3}$ は A の何成分か.

【解答】 (1) $(2, 3)$ 行列
(2) 3.5
(3) $(2, 1)$ 成分

定義 1.3 $m \times m$ 行列を $(m$ 次$)$ **正方行列**とよぶ.

例 1.3 (1) $\begin{bmatrix} 2 \end{bmatrix}$ 1次正方行列

(2) $\begin{bmatrix} a & b \\ c & d \end{bmatrix}$ 2次正方行列

(3) $\begin{bmatrix} a_{11} & a_{12} & a_{13} \\ a_{21} & a_{22} & a_{23} \\ a_{31} & a_{32} & a_{33} \end{bmatrix}$ 3次正方行列

このように (i, j) 成分を表すのに a_{ij} を使うことが多い. また, この行列を $\begin{bmatrix} a_{ij} \end{bmatrix}$ と書くこともある.

例題 1.2 行列の成分表示

(i, j) 成分が $i + j$ であるような3次正方行列を求めよ.

【解答】

$(1, 1)$ 成分 $1 + 1 = 2$, $(1, 2)$ 成分 $1 + 2 = 3$, $(1, 3)$ 成分 $1 + 3 = 4$
$(2, 1)$ 成分 $2 + 1 = 3$, $(2, 2)$ 成分 $2 + 2 = 4$, $(2, 3)$ 成分 $2 + 3 = 5$
$(3, 1)$ 成分 $3 + 1 = 4$, $(3, 2)$ 成分 $3 + 2 = 5$, $(3, 3)$ 成分 $3 + 3 = 6$

よって求める行列は

$$\begin{bmatrix} 2 & 3 & 4 \\ 3 & 4 & 5 \\ 4 & 5 & 6 \end{bmatrix}$$

問題 1.1 (i, j) 成分が $\dfrac{i - j}{i}$ であるような 2×3 行列を求めよ.

定義 1.4 一つの行からなる行列（つまり $1 \times n$ 行列）を**横ベクトル**とよぶ．n をこの横ベクトルの次元という．一つの列からなる行列（つまり $m \times 1$ 行列）を**縦ベクトル**とよぶ．m をこの横ベクトルの次元という．横ベクトルと縦ベクトルをあわせて単に**ベクトル**とよぶ．

例 1.4 (1) $\begin{bmatrix} 2 & 1 & 3 & 2 \end{bmatrix}$ は 4 次元の横ベクトル

(2) $\begin{bmatrix} 2 \\ 1 \\ 3 \\ 2 \end{bmatrix}$ は 4 次元の縦ベクトル

例題 1.3 行ベクトルと列ベクトル

$A = \begin{bmatrix} 2 & 3.5 & 0 \\ \sqrt{3} & -1 & 4 \end{bmatrix}$ とする．

(1) A の第 2 列ベクトルを書け．
(2) A の第 1 行ベクトルを書け．

【解答】 (1) $\begin{bmatrix} 3.5 \\ -1 \end{bmatrix}$ (2) $\begin{bmatrix} 2 & 3.5 & 0 \end{bmatrix}$

定義 1.5 二つの行列 A, B が等しい，つまり $A = B$ とは A と B の型が一致し，かつ対応する (i, j) 成分がそれぞれ等しいということである．これを**相等**とよぶ．

例 1.5

$$\begin{bmatrix} a & b \\ c & d \end{bmatrix} = \begin{bmatrix} 0 & 3 \\ 1 & 2 \end{bmatrix} \quad \Leftrightarrow \quad a = 0, b = 3, c = 1, d = 2$$

$$\begin{bmatrix} 4 & 3 \\ 1 & 2 \end{bmatrix} = \begin{bmatrix} 2^2 & \log_2 8 \\ 2^0 & \sqrt{4} \end{bmatrix}$$

$$\begin{bmatrix} 4 & 3 \\ 1 & 2 \end{bmatrix} \neq \begin{bmatrix} 1 & 2 \\ 3 & 4 \end{bmatrix}$$

1.2 いろいろな行列

以下では後で使う用語について解説する．

> **定義 1.6** 成分が全て 0 の行列を**零行列**とよび，O と書く．型が違う零行列でもすべて同じ記号 O で表す．

例 1.6 $\begin{bmatrix} 0 & 0 \\ 0 & 0 \end{bmatrix}$ は 2×2 の零行列，$\begin{bmatrix} 0 & 0 & 0 \\ 0 & 0 & 0 \end{bmatrix}$ は 2×3 の零行列． □

> **定義 1.7** 正方行列の a_{ii} 成分全体を**対角成分**とよぶ．対角成分以外がすべて 0 の行列を**対角行列**とよぶ．

例 1.7 $\begin{bmatrix} 1 & 0 & 0 \\ 0 & 2 & 0 \\ 0 & 0 & 3 \end{bmatrix}$ は対角行列で，その対角成分は 1, 2, 3． □

例 1.8 $\begin{bmatrix} 1 & 0 & 0 & 1 \\ 0 & 2 & 0 & 0 \\ 0 & 0 & 3 & -1 \end{bmatrix}$ は正方行列ではないので対角成分を持たない． □

> **定義 1.8** n 次正方行列の対角成分が 1 で，それ以外の成分が全て 0 の行列を**単位行列**とよび，E_n または I_n と書く（単に E, I と書くこともある．）．

例 1.9 $E_1 = \begin{bmatrix} 1 \end{bmatrix}$, $E_2 = \begin{bmatrix} 1 & 0 \\ 0 & 1 \end{bmatrix}$, $E_3 = \begin{bmatrix} 1 & 0 & 0 \\ 0 & 1 & 0 \\ 0 & 0 & 1 \end{bmatrix}$

$$E_n = \begin{bmatrix} 1 & 0 & \cdots & 0 \\ 0 & 1 & \ddots & \vdots \\ \vdots & \ddots & \ddots & 0 \\ 0 & \cdots & 0 & 1 \end{bmatrix}$$

□

定義 1.9 行列 A が与えられたとき，A の行と列を入れかえて得られる行列を A の**転置行列**（**transposed matrix**）とよび，${}^t\!A$ と書く．つまり $A = \begin{bmatrix} a_{ij} \end{bmatrix}$ のとき，${}^t\!A = \begin{bmatrix} b_{ij} \end{bmatrix}$, $b_{ij} = a_{ji}$.

注意 1.2 転置行列を表す記号はこの他にたくさんある．T_A, ${}^{tr}\!A$, A^{tr} など．

注意 1.3 A が $m \times n$ 行列のとき，${}^t\!A$ は $n \times m$ 行列になる．

定理 1.1 ${}^t({}^t\!A) = A$

例 1.10 ${}^t\begin{bmatrix} 1 & 2 & 4 \end{bmatrix} = \begin{bmatrix} 1 \\ 2 \\ 4 \end{bmatrix}$, ${}^t\begin{bmatrix} a & b \\ c & d \end{bmatrix} = \begin{bmatrix} a & c \\ b & d \end{bmatrix}$ □

例題 1.4 転置行列

${}^t\begin{bmatrix} 2 & 3 & 0 \\ 2 & -1 & 4 \end{bmatrix}$ を求めよ．

【解答】 $\begin{bmatrix} 2 & 2 \\ 3 & -1 \\ 0 & 4 \end{bmatrix}$ □

定義 1.10 正方行列 A が ${}^t\!A = A$ のとき，**対称行列**とよぶ．このとき，$a_{ij} = a_{ji}$ がすべての i, j に対し成り立つ．

例 1.11 $\begin{bmatrix} 0 & 2 & 3 \\ 2 & 1 & 4 \\ 3 & 4 & 2 \end{bmatrix}$ や E_n は対称行列である． □

1.3 行列の演算

1.3.1 行列の和と差

2つの行列の和 $A+B$（差 $A-B$）は A と B の型が同じときにのみ考えられ，その (i,j) 成分は A の (i,j) 成分と B の (i,j) 成分を加える（引く）ことで得られる．

例 1.12 $A = \begin{bmatrix} a & b \\ c & d \end{bmatrix}, B = \begin{bmatrix} e & f \\ g & h \end{bmatrix}$ に対し $A \pm B = \begin{bmatrix} a \pm e & b \pm f \\ c \pm g & d \pm h \end{bmatrix}$ □

例 1.13 $\begin{bmatrix} 1 & 3 \\ 5 & 7 \end{bmatrix} + \begin{bmatrix} 1 & 2 & 3 \\ -3 & 2 & -1 \end{bmatrix}$ は2つの行列の型が異なるので意味がない． □

例 1.14 $A + O = O + A = A$ □

命題 1.1 (1) $A + B = B + A$ （交換法則）
(2) $(A + B) + C = A + (B + C)$ （結合法則）

命題 1.2 ${}^t(A+B) = {}^tA + {}^tB$

例 1.15
$${}^t\left(\begin{bmatrix} a & b \\ c & d \end{bmatrix} + \begin{bmatrix} e & f \\ g & h \end{bmatrix}\right) = {}^t\begin{bmatrix} a+e & b+f \\ c+g & d+h \end{bmatrix}$$
$$= \begin{bmatrix} a+e & c+g \\ b+f & d+h \end{bmatrix}.$$
$${}^t\begin{bmatrix} a & b \\ c & d \end{bmatrix} + {}^t\begin{bmatrix} e & f \\ g & h \end{bmatrix} = \begin{bmatrix} a & c \\ b & d \end{bmatrix} + \begin{bmatrix} e & g \\ f & h \end{bmatrix}$$
$$= \begin{bmatrix} a+e & c+g \\ b+f & d+h \end{bmatrix}$$
□

定義 1.11 X に対し，その (i, j) 成分全てにマイナス $-$ をつけたものを $-X$ と書く．

例 1.16 $X = \begin{bmatrix} a & b \\ c & d \end{bmatrix}$ に対し $-X = \begin{bmatrix} -a & -b \\ -c & -d \end{bmatrix}$ □

命題 1.3 (1) $A - B = A + (-B)$
(2) $A - A = O$
(3) $A + B = O \ \Rightarrow \ B = -A$

1.3.2 行列のスカラー倍

スカラー倍とは，本書では実数倍のことである．

定義 1.12 k を実数とする．行列 A を k 倍した行列とは，A のすべての成分を k 倍して得られる行列のことであり，kA と書く．

注意 1.4 $\frac{1}{k}A \ (k \neq 0)$ の代わりに $\frac{A}{k}$ と書くこともある．

命題 1.4 k, l を実数とする．行列 A, B に対し次が成り立つ．
(1) $k(A + B) = kA + kB$ （分配法則）
(2) $(k + l)A = kA + lA$ （分配法則）
(3) $(-k)A = k(-A) = -kA$
(4) ${}^t(kA) = k\,{}^tA$
(5) $0A = O$

例 1.17 $A = \begin{bmatrix} a_{11} & a_{12} & a_{13} \\ a_{21} & a_{22} & a_{23} \\ a_{31} & a_{32} & a_{33} \end{bmatrix}$ に対し $kA = \begin{bmatrix} ka_{11} & ka_{12} & ka_{13} \\ ka_{21} & ka_{22} & ka_{23} \\ ka_{31} & ka_{32} & ka_{33} \end{bmatrix}$ □

1.3 行列の演算

例 1.18 (1) $2\begin{bmatrix} 0 & 0 & 0 & 1 \end{bmatrix} = \begin{bmatrix} 0 & 0 & 0 & 2 \end{bmatrix}$

(2) $\dfrac{1}{2}\begin{bmatrix} 2 & 4 & 6 \end{bmatrix} = \begin{bmatrix} 1 & 2 & 3 \end{bmatrix}$ □

例題 1.5　行列の演算

$$A = \begin{bmatrix} 1 & 2 & -1 \\ 3 & 4 & 3 \\ 1 & 2 & 9 \end{bmatrix}, \quad B = \begin{bmatrix} 1 & 0 & 3 \\ 2 & 5 & 4 \\ 3 & 2 & -1 \end{bmatrix}$$ に対し次を計算せよ．

(1) $A + B$

(2) $3A$

(3) $2A - B$

(4) $\dfrac{1}{2}(B + {}^tB)$

【解答】 (1) $A + B = \begin{bmatrix} 1+1 & 2+0 & -1+3 \\ 3+2 & 4+5 & 3+4 \\ 1+3 & 2+2 & 9-1 \end{bmatrix} = \begin{bmatrix} 2 & 2 & 2 \\ 5 & 9 & 7 \\ 4 & 4 & 8 \end{bmatrix}$

(2) $3A = \begin{bmatrix} 3\cdot 1 & 3\cdot 2 & 3\cdot(-1) \\ 3\cdot 3 & 3\cdot 4 & 3\cdot 3 \\ 3\cdot 1 & 3\cdot 2 & 3\cdot 9 \end{bmatrix} = \begin{bmatrix} 3 & 6 & -3 \\ 9 & 12 & 9 \\ 3 & 6 & 27 \end{bmatrix}$

(3) $2A - B = \begin{bmatrix} 2\cdot 1-1 & 2\cdot 2-0 & 2\cdot(-1)-3 \\ 2\cdot 3-2 & 2\cdot 4-5 & 2\cdot 3-4 \\ 2\cdot 1-3 & 2\cdot 2-2 & 2\cdot 9-(-1) \end{bmatrix} = \begin{bmatrix} 1 & 4 & -5 \\ 4 & 3 & 2 \\ -1 & 2 & 19 \end{bmatrix}$

(4) $\dfrac{1}{2}(B + {}^tB) = \dfrac{1}{2}\left(\begin{bmatrix} 1 & 0 & 3 \\ 2 & 5 & 4 \\ 3 & 2 & -1 \end{bmatrix} + \begin{bmatrix} 1 & 2 & 3 \\ 0 & 5 & 2 \\ 3 & 4 & -1 \end{bmatrix}\right)$

$= \dfrac{1}{2}\begin{bmatrix} 1+1 & 0+2 & 3+3 \\ 2+0 & 5+5 & 4+2 \\ 3+3 & 2+4 & -1-1 \end{bmatrix} = \begin{bmatrix} 1 & 1 & 3 \\ 1 & 5 & 3 \\ 3 & 3 & -1 \end{bmatrix}$

行列の和・差・スカラー積については「実数の計算と同じように」計算すればよい． □

1.3.3 行列の積

最初に横ベクトルと縦ベクトルの積を定義し，次に一般の行列の積へと進む．

I. 横ベクトルと縦ベクトルの積

$$X = \begin{bmatrix} x_1 & x_2 & \cdots & x_n \end{bmatrix} \text{ と } Y = \begin{bmatrix} y_1 \\ y_2 \\ \vdots \\ y_n \end{bmatrix} \text{ に対して積を}$$

$$XY = [x_1 y_1 + x_2 y_2 + \cdots + x_n y_n]$$

で定義する．つまり，同じ次元 (n) の横ベクトルと縦ベクトルの積は対応する成分同士の積の和として得られる実数である．

例 1.19 $X = \begin{bmatrix} 0 & 1 & 2 \end{bmatrix}$, $Y = \begin{bmatrix} 3 \\ 4 \\ 5 \end{bmatrix}$ のとき，$XY = [0\cdot 3 + 1\cdot 4 + 2\cdot 5] = 14$．　□

II. 一般の行列の積

定義 1.13 A の行ベクトルの次元と B の列ベクトルの次元が同じとき，積 AB を $[AB \text{ の }(i,j) \text{ 成分}] = [A \text{ の第 } i \text{ 行ベクトルと } B \text{ の第 } j \text{ 列ベクトルの積}]$ で定義する．つまり，行列 A が $l \times m$ 型で，行列 B が $m \times n$ 型のときにのみ積 AB は定義され，答えは $l \times n$ 型の行列となる．

積 AB の (i,j) 成分を c_{ij} とすると

$$\begin{bmatrix} c_{11} & \cdots & c_{1j} & \cdots & c_{1n} \\ \vdots & & \vdots & & \vdots \\ c_{i1} & \cdots & c_{ij} & \cdots & c_{in} \\ \vdots & & \vdots & & \vdots \\ c_{l1} & \cdots & c_{lj} & \cdots & c_{ln} \end{bmatrix} = \begin{bmatrix} a_{11} & \cdots & \cdots & \cdots & a_{1m} \\ \vdots & & & & \vdots \\ a_{i1} & a_{i2} & \cdots & \cdots & a_{im} \\ \vdots & & & & \vdots \\ a_{l1} & \cdots & & \cdots & a_{lm} \end{bmatrix} \begin{bmatrix} b_{11} & \cdots & b_{1j} & \cdots & b_{1n} \\ \vdots & & b_{2j} & & \vdots \\ \vdots & & \vdots & & \vdots \\ \vdots & & \vdots & & \vdots \\ b_{m1} & \cdots & b_{mj} & \cdots & b_{mn} \end{bmatrix}$$

図 1.3

1.3 行列の演算

注意 1.5 まず，解として出てくる行列の型のチェックを忘れずにしよう!!

最初は各成分の計算を1つずつ抜き出して計算し，答えが行列の形ですぐに書けるようになるまで練習をくりかえすとよい．

例 1.20
$$\begin{bmatrix} a_{11} & a_{12} \\ a_{21} & a_{22} \end{bmatrix} \begin{bmatrix} b_{11} & b_{12} \\ b_{21} & b_{22} \end{bmatrix} = \begin{bmatrix} a_{11}b_{11} + a_{12}b_{21} & a_{11}b_{12} + a_{12}b_{22} \\ a_{21}b_{11} + a_{22}b_{21} & a_{21}b_{12} + a_{22}b_{22} \end{bmatrix}$$

□

例題 1.6 行列の積

$A = \begin{bmatrix} x & y \end{bmatrix}$, $B = \begin{bmatrix} a \\ b \end{bmatrix}$, $C = \begin{bmatrix} 3 & 0 \\ -1 & 4 \end{bmatrix}$ のとき，

(1) AB 　(2) BC 　(3) AC 　(4) $C\,{}^tA$ を計算せよ．

【解答】 (1) $AB = \begin{bmatrix} x & y \end{bmatrix} \begin{bmatrix} a \\ b \end{bmatrix} = \begin{bmatrix} ax + by \end{bmatrix}$

(2) B の列ベクトルの数と C の行ベクトルの数が一致しないので BC は定義されない．

(3) A は 1×2 型，C は 2×2 型なので AC は 1×2 型になる．よって AC の $(1,1)$ 成分は $\begin{bmatrix} x & y \end{bmatrix} \begin{bmatrix} 3 \\ -1 \end{bmatrix} = 3x - y$. $(1,2)$ 成分は $\begin{bmatrix} x & y \end{bmatrix} \begin{bmatrix} 0 \\ 4 \end{bmatrix} = 4y$. よって

$$AC = \begin{bmatrix} x & y \end{bmatrix} \begin{bmatrix} 3 & 0 \\ -1 & 4 \end{bmatrix} = \begin{bmatrix} 3x - y & 4y \end{bmatrix}$$

(4) $C\,{}^tA = \begin{bmatrix} 3 & 0 \\ -1 & 4 \end{bmatrix} \begin{bmatrix} x \\ y \end{bmatrix} = \begin{bmatrix} 3x \\ -x + 4y \end{bmatrix}$ 　□

問題 1.2 AB および BA を求めよ．

(1) $A = \begin{bmatrix} 3 & -4 \\ -5 & 6 \end{bmatrix}$, $B = \begin{bmatrix} 1 \\ 1 \end{bmatrix}$ 　(2) $A = \begin{bmatrix} 3 & -2 \end{bmatrix}$, $B = \begin{bmatrix} \frac{1}{2} \\ 0 \end{bmatrix}$

命題 1.5 行列 A, B, C に対し積が定義されているとき次が成り立つ（k, l は実数）．

(1) $(AB)C = A(BC) = ABC$　　　（結合法則）
(2) $A(B+C) = AB + AC$　　　（分配法則）
(3) $(A+B)C = AC + BC$　　　（分配法則）
(4) $(kl)A = k(lA)$, $(kA)B = k(AB)$　　（結合法則）

一般に AB と BA は等しいとは限らない．

例 1.21 $\begin{bmatrix} 2 & 0 \\ 4 & 0 \end{bmatrix} \begin{bmatrix} 0 & 0 \\ 1 & 1 \end{bmatrix} = \begin{bmatrix} 0 & 0 \\ 0 & 0 \end{bmatrix}$ だが，$\begin{bmatrix} 0 & 0 \\ 1 & 1 \end{bmatrix} \begin{bmatrix} 2 & 0 \\ 4 & 0 \end{bmatrix} = \begin{bmatrix} 0 & 0 \\ 6 & 0 \end{bmatrix}$ □

$AB = BA$（交換法則）が成り立つとき，A と B は**可換**であるという．つまり，行列を左右どちらから掛けているかに気をつける必要がある．

例 1.22 $\begin{bmatrix} a & b \\ c & d \end{bmatrix} \begin{bmatrix} 0 & 0 \\ 0 & 0 \end{bmatrix} = \begin{bmatrix} 0 & 0 \\ 0 & 0 \end{bmatrix} = \begin{bmatrix} 0 & 0 \\ 0 & 0 \end{bmatrix} \begin{bmatrix} a & b \\ c & d \end{bmatrix}$ □

例題 1.7　行列の可換性

$\begin{bmatrix} 1 & 2 \\ 0 & 1 \end{bmatrix}$ と $\begin{bmatrix} 0 & y \\ x & 0 \end{bmatrix}$ が可換であるための条件を求めよ．

【解答】
$$\begin{bmatrix} 1 & 2 \\ 0 & 1 \end{bmatrix} \begin{bmatrix} 0 & y \\ x & 0 \end{bmatrix} = \begin{bmatrix} 2x & y \\ x & 0 \end{bmatrix}, \quad \begin{bmatrix} 0 & y \\ x & 0 \end{bmatrix} \begin{bmatrix} 1 & 2 \\ 0 & 1 \end{bmatrix} = \begin{bmatrix} 0 & y \\ x & 2x \end{bmatrix}.$$

両辺の各成分を比較して，$x = 0$，y：任意の実数が求める条件になる． □

問題 1.3 $\begin{bmatrix} 1 & 1 \\ 0 & 1 \end{bmatrix}$ と可換な行列をすべて求めよ．

行列の計算は実数の計算とよく似ている所も多いが，異なる所も多いので注意すること．例えば，$A \neq O, B \neq O$ でも $AB = O$ となったりすることがある（このとき，A を**零因子**とよぶ）．つまり行列では

「$AB = O$ でも $A = O$ または $B = O$ とは限らない」．

1.3 行列の演算

例 1.23 $A = \begin{bmatrix} 0 & 1 \\ 0 & 0 \end{bmatrix}, B = \begin{bmatrix} 0 & 2 \\ 0 & 0 \end{bmatrix}$ とすると $AB = O$.

よって A は B の零因子である. □

A の n 個の積 $AAA \cdots A$ を A^n で表す. ただし $A^0 = E$ とする.
次の例は一般の対称行列についても成り立つ.

例 1.24 $\begin{bmatrix} \alpha & 0 \\ 0 & \beta \end{bmatrix}^n = \begin{bmatrix} \alpha^n & 0 \\ 0 & \beta^n \end{bmatrix}$ □

その他の基本性質を以下にまとめておく.

命題 1.6 (1) $A^m A^n = A^{m+n}$
(2) $AO = O,\quad OA = O$
(3) $AE = A,\quad EA = A$

例題 1.8 n 乗の計算

$\begin{bmatrix} 0 & 1 & 2 \\ 0 & 0 & 3 \\ 0 & 0 & 0 \end{bmatrix}^n$ を求めよ.

【解答】

$$\begin{bmatrix} 0 & 1 & 2 \\ 0 & 0 & 3 \\ 0 & 0 & 0 \end{bmatrix}^2 = \begin{bmatrix} 0 & 1 & 2 \\ 0 & 0 & 3 \\ 0 & 0 & 0 \end{bmatrix} \begin{bmatrix} 0 & 1 & 2 \\ 0 & 0 & 3 \\ 0 & 0 & 0 \end{bmatrix} = \begin{bmatrix} 0 & 0 & 3 \\ 0 & 0 & 0 \\ 0 & 0 & 0 \end{bmatrix}$$

$$\begin{bmatrix} 0 & 1 & 2 \\ 0 & 0 & 3 \\ 0 & 0 & 0 \end{bmatrix}^3 = \begin{bmatrix} 0 & 1 & 2 \\ 0 & 0 & 3 \\ 0 & 0 & 0 \end{bmatrix}^2 \begin{bmatrix} 0 & 1 & 2 \\ 0 & 0 & 3 \\ 0 & 0 & 0 \end{bmatrix}$$

$$= \begin{bmatrix} 0 & 0 & 3 \\ 0 & 0 & 0 \\ 0 & 0 & 0 \end{bmatrix} \begin{bmatrix} 0 & 1 & 2 \\ 0 & 0 & 3 \\ 0 & 0 & 0 \end{bmatrix} = \begin{bmatrix} 0 & 0 & 0 \\ 0 & 0 & 0 \\ 0 & 0 & 0 \end{bmatrix}$$

よって，$\begin{bmatrix} 0 & 1 & 2 \\ 0 & 0 & 3 \\ 0 & 0 & 0 \end{bmatrix}^n$ は $n=1$ のとき $\begin{bmatrix} 0 & 1 & 2 \\ 0 & 0 & 3 \\ 0 & 0 & 0 \end{bmatrix}$，$n=2$ のとき $\begin{bmatrix} 0 & 0 & 3 \\ 0 & 0 & 0 \\ 0 & 0 & 0 \end{bmatrix}$，$n \geq 3$ のとき O となる． □

問題 1.4 $\begin{bmatrix} 3 & -4 & 0 \\ 2 & -3 & 0 \\ 1 & -2 & 1 \end{bmatrix}^n$ を計算せよ．

コ　クロネッカーのデルタ ●●●●●●●●●

行列を表示する場合に紙面の節約のため，$[a_{ij}]$ という記号を用いたりした．このような省略記号の 1 つに次の**クロネッカーのデルタ**がある（クロネッカーは 19 世紀のドイツの数学者であり，デルタはギリシャ文字の δ）．

$$\delta_{ij} = \begin{cases} 1 & (i = j) \\ 0 & (i \neq j) \end{cases}$$

例えば $\delta_{11} = \delta_{22} = \delta_{33} = 1$ と $\delta_{12} = \delta_{13} = \delta_{21} = \delta_{23} = \delta_{31} = \delta_{32} = 0$ から

$$E_3 = \begin{bmatrix} \delta_{11} & \delta_{12} & \delta_{13} \\ \delta_{21} & \delta_{22} & \delta_{23} \\ \delta_{31} & \delta_{32} & \delta_{33} \end{bmatrix}$$

と書ける．一般に単位行列は $E_n = [\delta_{ij}]$ $(1 \leq i \leq n,\ 1 \leq j \leq n)$ と表すことができる．また，この本の第 3 章に出てくるベクトルの内積の記号を使えば

$$\boldsymbol{e}_i \cdot \boldsymbol{e}_j = \delta_{ij}$$

が成り立つこともわかる．

ベクトル解析の言葉では "2 階の混合テンソル" という性質を持つ δ_{ij} は，数学ばかりでなく物理学でも多用される重要な記号であり，しっかりと覚えておきたい．

第1章 演習問題

演習 1.1 $A = \begin{bmatrix} 7 & 4 \\ -2 & 1 \end{bmatrix}$, $B = \begin{bmatrix} 1 & -8 \\ -6 & 3 \end{bmatrix}$ とするとき,$2X + A = B$ を満たす行列 X を求めよ.

演習 1.2 $\begin{bmatrix} 1 & 1 & \sqrt{2} & \sqrt{2} \\ 1 & -1 & \sqrt{2} & -\sqrt{2} \\ 2 & 0 & -\sqrt{2} & 0 \\ 0 & 2 & 0 & -\sqrt{2} \end{bmatrix} \begin{bmatrix} 1 & \frac{1}{\sqrt{2}} & 1 & \frac{1}{\sqrt{2}} \\ 1 & -\frac{1}{\sqrt{2}} & 0 & 0 \\ 1 & 0 & -\frac{1}{\sqrt{2}} & 0 \\ 1 & 0 & 0 & -\frac{1}{\sqrt{2}} \end{bmatrix}$ を求めよ.

演習 1.3 $A = \begin{bmatrix} 1 & -1 \\ -1 & 1 \end{bmatrix}$, $B = \begin{bmatrix} a & b \\ b & a \end{bmatrix}$ が $ABA = A$, $BAB = B$ を満たすとき,B の各成分を求めよ.

演習 1.4 行列 $A = \begin{bmatrix} 1 & 2 \\ 3 & 4 \end{bmatrix}$ と $B = \begin{bmatrix} a & b \\ c & d \end{bmatrix}$ が可換であるとき,実数 a, b, c, d の満たす条件を求めよ.

第2章 2次正方行列と行列式

　この章では2次正方行列を対象とし，逆行列，行列式，連立1次方程式の解法（クラメールの公式やガウスの掃き出し法）を一通り学ぶ．特に掃き出し法は，投入産出モデルの単体法による解法や，シミュレーションに使用される大規模な連立方程式を有限要素法で解くなど，数多くの応用の出発点となっている．最初に簡単な場合についてしっかりと理解し，一般的な場合についてを第4章で学んでいく．

2.1　2次正方行列の逆行列と行列式

定義 2.1　正方行列 A に対し，$AB = BA = E$ を満たす行列 B が存在するとき，B を A の**逆行列**（**inverse matrix**）とよび A^{-1} と書く（エーインバースと読む）．

（行列には"割り算"はないので，A^{-1} を $\dfrac{1}{A}$ という形では書いてはいけない．）

定理 2.1　行列 A に対して逆行列が存在するなら，それはただ1つである．

　実際，B, C を共に A の逆行列とする．このとき命題 1.6 (3) より $B = BE = B(AC) = (BA)C = EC = C$ となるので，$B = C$.

定義 2.2　正方行列 A が逆行列をもつとき，A を**正則行列**とよぶ．

命題 2.1　n 次正方行列 A, B が正則のとき，次が成り立つ．
(1)　A^{-1} は正則で，$(A^{-1})^{-1} = A$
(2)　$(AB)^{-1}$ は正則で，$(AB)^{-1} = B^{-1}A^{-1}$

2.1 2次正方行列の逆行列と行列式

注意 2.1 $AB^{-1} = A^{-1}B^{-1}$ としやすいので注意すること！ これは一般には成り立たない.

(2) で実際に, $AB(B^{-1}A^{-1}) = A(BB^{-1})A^{-1} = AEA^{-1} = AA^{-1} = E$. 逆も同様に成り立つ.

次の定理は 2 次正方行列の逆行列の公式であるとともに, A^{-1} が存在するための条件を与えている.

定理 2.2 2 次正方行列の逆行列の公式

$A = \begin{bmatrix} a & b \\ c & d \end{bmatrix}$ に対し, $|A| = ad - bc$ とおくとき,

(1) $|A| \neq 0 \Leftrightarrow A^{-1} = \dfrac{1}{|A|} \begin{bmatrix} d & -b \\ -c & a \end{bmatrix}$ が（ただ 1 つ）存在する.

(2) $|A| = 0 \Leftrightarrow A^{-1}$ が存在しない.

A の逆行列が存在すればただ 1 つであることは次のように証明できる.

【証明】 まず, A の逆行列が 2 つ存在したとする. これを X, Y とすると, 逆行列の定義から $XA = E$, $AY = E$ が成り立つ. ところが, $X = XE = X(AY) = (XA)Y = EY = Y$ となる. □

例題 2.1 2 次正方行列の逆行列

$\begin{bmatrix} a & b \\ c & d \end{bmatrix}^{-1} = \dfrac{1}{ad-bc} \begin{bmatrix} d & -b \\ -c & a \end{bmatrix}$ であることを, 実際に計算して確かめよ.

【解答】 与えられた式の右辺に, 左右からそれぞれ行列 A を掛けてみる.

$$\frac{1}{ad-bc} \begin{bmatrix} d & -b \\ -c & a \end{bmatrix} \begin{bmatrix} a & b \\ c & d \end{bmatrix} = \frac{1}{ad-bc} \begin{bmatrix} da-bc & db-bd \\ -ca+ac & -cb+ad \end{bmatrix}$$

$$= \frac{1}{ad-bc} \begin{bmatrix} ad-bc & 0 \\ 0 & ad-bc \end{bmatrix}$$

$$= \begin{bmatrix} 1 & 0 \\ 0 & 1 \end{bmatrix},$$

$$\begin{bmatrix} a & b \\ c & d \end{bmatrix} \frac{1}{ad-bc} \begin{bmatrix} d & -b \\ -c & a \end{bmatrix} = \frac{1}{ad-bc} \begin{bmatrix} a & b \\ c & d \end{bmatrix} \begin{bmatrix} d & -b \\ -c & a \end{bmatrix}$$
$$= \frac{1}{ad-bc} \begin{bmatrix} ad-bc & -ab+ab \\ cd-dc & -cb+da \end{bmatrix}$$
$$= \begin{bmatrix} 1 & 0 \\ 0 & 1 \end{bmatrix}.$$

問題 2.1 $A = \begin{bmatrix} 1 & 3 \\ -2 & -4 \end{bmatrix}$, $P = \begin{bmatrix} 3 & 1 \\ -2 & -1 \end{bmatrix}$ のとき, $P^{-1}AP$ を計算せよ.

定義 2.3 上の $|A|$ を A の行列式 (**determinant**) とよぶ. $\det A$ とも書く.

また, 次の定理が成り立つ.

定理 2.3 正方行列 A, B に対し
(1) $|AB| = |A||B|$
(2) $|A^{-1}| = |A|^{-1}$

例 2.1
$$\begin{bmatrix} 4 & -5 \\ 1 & 3 \end{bmatrix}^{-1} = \frac{1}{4 \cdot 3 - (-5) \cdot 1} \begin{bmatrix} 3 & 5 \\ -1 & 4 \end{bmatrix}$$
$$= \begin{bmatrix} \frac{3}{17} & \frac{5}{17} \\ -\frac{1}{17} & \frac{4}{17} \end{bmatrix}$$

例 2.2 $A = \begin{bmatrix} 2 & -1 \\ -6 & 3 \end{bmatrix}$ は $\det A = 2 \cdot 3 - (-1) \cdot (-6) = 0$ なので, A^{-1} は存在しない.

例 2.3 O には逆行列は存在しない.

2.2　2次正方行列の連立1次方程式の解法

2.2.1　クラメールの公式

はじめに連立方程式を中学で習った解き方で解き，それを行列の言葉で書き直してみる．

$ad - bc \neq 0$ のとき，

$$\begin{cases} ax + by = \alpha & \cdots ① \\ cx + dy = \beta & \cdots ② \end{cases}$$

は次のように解ける．

①$\times d -$ ②$\times b$ より，$(ad - bc)x = \alpha d - \beta b$．よって $x = \dfrac{\alpha d - \beta b}{ad - bc}$．

同様に ②$\times a -$ ①$\times c$ より，$(ad - bc)y = \beta a - \alpha c$．よって $y = \dfrac{\beta a - \alpha c}{ad - bc}$．

$\begin{vmatrix} a & b \\ c & d \end{vmatrix} = ad - bc$ 等であることを思い出して最後の式を書き直せば次の公式が得られる．

定理 2.4　クラメールの公式

$\begin{vmatrix} a & b \\ c & d \end{vmatrix} \neq 0$ のときに

$$\begin{cases} ax + by = \alpha \\ cx + dy = \beta \end{cases}$$

の解は次のただ1組になる．

$$x = \dfrac{\begin{vmatrix} \alpha & b \\ \beta & d \end{vmatrix}}{\begin{vmatrix} a & b \\ c & d \end{vmatrix}}, \quad y = \dfrac{\begin{vmatrix} a & \alpha \\ c & \beta \end{vmatrix}}{\begin{vmatrix} a & b \\ c & d \end{vmatrix}}$$

つまり，求めたい変数 x や y の係数部分を $=$ の右側の数字と入れ替えて行列式を計算すればよい．

> **例題 2.2** クラメールの公式
>
> $$\begin{cases} 3x + 5y = -1 \\ -2x + y = 5 \end{cases}$$
>
> をクラメールの公式を用いて求めよ．

【解答】

$$\begin{vmatrix} 3 & 5 \\ -2 & 1 \end{vmatrix} = 3 \cdot 1 - 5 \cdot (-2) = 13 \neq 0$$

なので，クラメールの公式が使えて，

$$x = \frac{\begin{vmatrix} -1 & 5 \\ 5 & 1 \end{vmatrix}}{13}$$

$$= \frac{-1 \cdot 1 - 5 \cdot 5}{13} = -\frac{26}{13} = -2$$

$$y = \frac{\begin{vmatrix} 3 & -1 \\ -2 & 5 \end{vmatrix}}{13}$$

$$= \frac{3 \cdot 5 - (-1) \cdot (-2)}{13} = \frac{13}{13} = 1.$$

注意 2.2 クラメールの公式を使うときにはあらかじめ条件 行列式 $\neq 0$ をチェックすることを忘れないこと．

2.2.2 基本変形と掃き出し法

前項では行列式を使って解を記述する方法を学んだ．ここでは行列の行基本変形を使って解を求めてみる．

2.2 2次正方行列の連立1次方程式の解法

連立方程式

$$\begin{cases} ax + by = \alpha \\ cx + dy = \beta \end{cases}$$

は行列の形で表すと $\begin{bmatrix} a & b \\ c & d \end{bmatrix} \begin{bmatrix} x \\ y \end{bmatrix} = \begin{bmatrix} \alpha \\ \beta \end{bmatrix}$ と書ける．

ここで左側の2次正方行列 $\begin{bmatrix} a & b \\ c & d \end{bmatrix}$ を**係数行列**とよび，係数行列に定数項（等号の右側）を加えた行列 $\left[\begin{array}{cc|c} a & b & \alpha \\ c & d & \beta \end{array}\right]$ を**拡大係数行列**とよぶ．

定義 2.4　行基本変形
(1) 二つの行を入れ替える．
　　例　①↔②：1行目と2行目を入れ替える．
(2) ある行を（0でない）定数倍する．
　　例　①×3：1行目を3倍する．
(3) ある行に別の行の定数倍を足したり引いたりする．
　　例　②+①×2：2行目に1行目を2倍したものを加える．

注意 2.3 列についても列基本変形が定義できる．

これらの操作を加えても，考えている連立方程式の解は同じになる．例えば

$$\begin{cases} ax + by = \alpha \\ cx + dy = \beta \end{cases}$$

と

$$\begin{cases} 2cx + 2dy = 2\beta \\ ax + by = \alpha \end{cases}$$

の解は等しい．つまり，基本変形は"代入"を使わずに連立方程式を解いた場合に，x, y などの変数を省略してそれらの係数のみを取り出し，計算するという方法である．

具体的に，前項の例題 2.2 を普通に解いたものを行基本変形と比較してみる．
（基本変形は"変形"なので，等号ではなく矢印でつなぐこととする．)

$$\begin{cases} 3x + 5y = -1 & \cdots ① \\ -2x + y = 5 & \cdots ② \end{cases}$$

Step. 1

1 行目の x の係数を 1 にするために①を $\frac{1}{3}$ 倍する（第 1 行の標準化）．

$$\begin{cases} x + \frac{5}{3}y = -\frac{1}{3} \\ -2x + y = 5 \end{cases}$$

Step. 2

②＋①×2 により 2 行目から x の項を消去する（第 2 行の掃き出し）．

$$\begin{cases} x + \frac{5}{3}y = -\frac{1}{3} \\ \frac{13}{3}y = \frac{13}{3} \end{cases}$$

Step. 3

②×$\frac{3}{13}$ により y の係数を 1 にする（第 2 行の標準化）．

$$\begin{cases} x + \frac{5}{3}y = -\frac{1}{3} \\ y = 1 \end{cases}$$

Step. 4

①－②×$\frac{5}{3}$ により 1 行目から y の項を消去する（第 1 行の掃き出し）．

$$\begin{cases} x = -2 \\ y = 1 \end{cases}$$

与えられた連立方程式の拡大係数行列を行基本変形すると，

Step. 1

$$\begin{bmatrix} 3 & 5 & | & -1 \\ -2 & 1 & | & 5 \end{bmatrix} \begin{matrix} \cdots ① \\ \cdots ② \end{matrix} \xrightarrow{① \times \frac{1}{3}} \begin{bmatrix} 1 & \frac{5}{3} & | & -\frac{1}{3} \\ -2 & 1 & | & 5 \end{bmatrix}$$

Step. 2

$$\xrightarrow{② + ① \times 2} \begin{bmatrix} 1 & \frac{5}{3} & | & -\frac{1}{3} \\ 0 & \frac{13}{3} & | & \frac{13}{3} \end{bmatrix}$$

Step. 3

$$\xrightarrow{② \times \frac{3}{13}} \begin{bmatrix} 1 & \frac{5}{3} & | & -\frac{1}{3} \\ 0 & 1 & | & 1 \end{bmatrix}$$

Step. 4

$$\xrightarrow{① - ② \times \frac{5}{3}} \begin{bmatrix} 1 & 0 & | & -2 \\ 0 & 1 & | & 1 \end{bmatrix}$$

よって $x = 2, y = -1$

このように，連立方程式の拡大係数行列に対し，行基本変形を繰り返して係数行列の部分を単位行列にしたとき，一番右側の列ベクトルが解を与える．この方法を（ガウスの）**掃き出し法**または**消去法**とよぶ．つまり

定理 2.5　ガウスの掃き出し法

連立方程式
$$\begin{cases} ax + by = \alpha \\ cx + dy = \beta \end{cases}$$
の拡大係数行列 $\begin{bmatrix} a & b & | & \alpha \\ c & d & | & \beta \end{bmatrix}$ に行基本変形を繰り返して $\begin{bmatrix} 1 & 0 & | & \alpha' \\ 0 & 1 & | & \beta' \end{bmatrix}$ と係数行列を単位行列にまで変形できたとき，与えられた連立方程式の解は $x = \alpha', y = \beta'$ である．

注意 2.4 クラメールの公式とは異なり，掃き出し法は解がただ1つでないときの解法も与えるが，それは 4.5 節で取り扱う．

連立方程式の解き方がさまざまであるように，掃き出し法での解は1通りではない．自分でいろいろなやり方で試して欲しい．慣れるまでは普通に連立方程式を解いた後，それを改めて基本変形として書き直すのも1つの方法である．

例題 2.3 掃き出し法

$$\begin{cases} 2x + 3y = 9 \\ 3x + 2y = 11 \end{cases}$$

を掃き出し法を用いて解け．

【解答】 与えられた連立方程式の拡大係数行列 $\begin{bmatrix} 2 & 3 & | & 9 \\ 3 & 2 & | & 11 \end{bmatrix}$ を行基本変形して解を求める．

$$\begin{bmatrix} 2 & 3 & | & 9 \\ 3 & 2 & | & 11 \end{bmatrix} \begin{matrix} \cdots ① \\ \cdots ② \end{matrix} \xrightarrow{① \times \frac{1}{2}} \begin{bmatrix} 1 & \frac{3}{2} & | & \frac{9}{2} \\ 3 & 2 & | & 11 \end{bmatrix}$$

$$\xrightarrow{② - ① \times 3} \begin{bmatrix} 1 & \frac{3}{2} & | & \frac{9}{2} \\ 0 & -\frac{5}{2} & | & -\frac{5}{2} \end{bmatrix}$$

$$\xrightarrow{② \times \left(-\frac{2}{5}\right)} \begin{bmatrix} 1 & \frac{3}{2} & | & \frac{9}{2} \\ 0 & 1 & | & 1 \end{bmatrix}$$

$$\xrightarrow{① - ② \times \frac{3}{2}} \begin{bmatrix} 1 & 0 & | & 3 \\ 0 & 1 & | & 1 \end{bmatrix}$$

よって $x = 3, y = 1$ □

2.2.3 逆行列を用いた方法

連立方程式を行列の言葉を使って解く方法は他にもある．例えば，行列表示した両辺に（もし存在するならば）逆行列を掛けて求めることができる．

2.2 2次正方行列の連立1次方程式の解法

今，$A \begin{bmatrix} x \\ y \end{bmatrix} = \begin{bmatrix} \alpha \\ \beta \end{bmatrix}$ に対し左から A^{-1} を掛けると $A^{-1}A = E$ より

$$A^{-1}A \begin{bmatrix} x \\ y \end{bmatrix} = E \begin{bmatrix} x \\ y \end{bmatrix} = \begin{bmatrix} x \\ y \end{bmatrix} = A^{-1} \begin{bmatrix} \alpha \\ \beta \end{bmatrix}$$

つまり右辺の行列の積を計算すれば x, y が求まる．

2次の逆行列は定理 2.2 を使うことで簡単に求められた．

例 2.4

$$\begin{cases} 3x + 5y = -1 \\ -2x + y = 5 \end{cases}$$

を行列表示すると $\begin{bmatrix} 3 & 5 \\ -2 & 1 \end{bmatrix} \begin{bmatrix} x \\ y \end{bmatrix} = \begin{bmatrix} -1 \\ 5 \end{bmatrix}$ となる．

この両辺に $\begin{bmatrix} 3 & 5 \\ -2 & 1 \end{bmatrix}^{-1}$ を左から掛けて，

$$\underbrace{\begin{bmatrix} 3 & 5 \\ -2 & 1 \end{bmatrix}^{-1} \begin{bmatrix} 3 & 5 \\ -2 & 1 \end{bmatrix}}_{\text{計算しなくてよい}} \begin{bmatrix} x \\ y \end{bmatrix} = \begin{bmatrix} 3 & 5 \\ -2 & 1 \end{bmatrix}^{-1} \begin{bmatrix} -1 \\ 5 \end{bmatrix}$$

よって

$$\begin{bmatrix} x \\ y \end{bmatrix} = \frac{1}{3 \cdot 1 - 5 \cdot (-2)} \begin{bmatrix} 1 & -5 \\ 2 & 3 \end{bmatrix} \begin{bmatrix} -1 \\ 5 \end{bmatrix}$$

$$= \frac{1}{13} \begin{bmatrix} 1 \cdot (-1) + (-5) \cdot 5 \\ 2 \cdot (-1) + 3 \cdot 5 \end{bmatrix}$$

$$= \frac{1}{13} \begin{bmatrix} -26 \\ 13 \end{bmatrix} = \begin{bmatrix} -2 \\ 1 \end{bmatrix} \qquad \square$$

最後に，前項で学んだ行基本変形を使って別の方法で逆行列を求めてみよう．

$A\begin{bmatrix}x\\y\end{bmatrix}=E\begin{bmatrix}\alpha\\\beta\end{bmatrix}$ のとき $E\begin{bmatrix}x\\y\end{bmatrix}=A^{-1}\begin{bmatrix}\alpha\\\beta\end{bmatrix}$ に注意すると次が成り立つ．

命題 2.2 2次正方行列 A の右側に E_2 を付け加えてできる 2×4 の拡大行列を行基本変形して左半分を E_2 にできたとき，A には逆行列が存在し，A^{-1} は基本変形した後の右半分になる．

つまり $\left[\begin{array}{cc|cc}a & b & 1 & 0\\c & d & 0 & 1\end{array}\right] \longrightarrow \cdots \longrightarrow \left[\begin{array}{cc|cc}1 & 0 & e & f\\0 & 1 & g & h\end{array}\right]$ ならば

$$\begin{bmatrix}a & b\\c & d\end{bmatrix}^{-1}=\begin{bmatrix}e & f\\g & h\end{bmatrix}$$

例題 2.4 **掃き出し法による逆行列の求め方**

$\begin{bmatrix}3 & 5\\-2 & 1\end{bmatrix}$ の逆行列を掃き出し法を用いて求めよ．

【解答】 $\left[\begin{array}{cc|cc}3 & 5 & 1 & 0\\-2 & 1 & 0 & 1\end{array}\right]\begin{array}{l}\cdots ①\\\cdots ②\end{array}\xrightarrow{①+②}\left[\begin{array}{cc|cc}1 & 6 & 1 & 1\\-2 & 1 & 0 & 1\end{array}\right]$

$\xrightarrow{②+①\times 2}\left[\begin{array}{cc|cc}1 & 6 & 1 & 1\\0 & 13 & 2 & 3\end{array}\right]$

$\xrightarrow{②\times\left(\frac{1}{13}\right)}\left[\begin{array}{cc|cc}1 & 6 & 1 & 1\\0 & 1 & \frac{2}{13} & \frac{3}{13}\end{array}\right]$

$\xrightarrow{①-②\times 6}\left[\begin{array}{cc|cc}1 & 0 & \frac{1}{13} & -\frac{5}{13}\\0 & 1 & \frac{2}{13} & \frac{3}{13}\end{array}\right]$

よって $\begin{bmatrix}3 & 5\\-2 & 1\end{bmatrix}^{-1}=\begin{bmatrix}\frac{1}{13} & -\frac{5}{13}\\\frac{2}{13} & \frac{3}{13}\end{bmatrix}$ となる． □

注意 2.5 2次正方行列の逆行列は公式を使う方が簡単に求められるが，この方法は一般の n 次正方行列の場合にも通用するので，今のうちに計算に慣れておく必要がある．分数が出てきて計算間違いをしやすいため，初めのは元の行列に掛けて単位行列になるかどうか検算をしてみるとよいだろう．

例題 2.5　逆行列を用いた解き方

$$\begin{cases} 2x + 3y = 9 \\ 3x + 2y = 11 \end{cases}$$

を逆行列を用いて解け．

【解答】 与えられた連立方程式を行列表示すると $\begin{bmatrix} 2 & 3 \\ 3 & 2 \end{bmatrix} \begin{bmatrix} x \\ y \end{bmatrix} = \begin{bmatrix} 9 \\ 11 \end{bmatrix}$.

まず拡大係数行列に対し，行基本変形を行って $\begin{bmatrix} 2 & 3 \\ 3 & 2 \end{bmatrix}^{-1}$ を求める．

$$\begin{bmatrix} 2 & 3 & | & 1 & 0 \\ 3 & 2 & | & 0 & 1 \end{bmatrix} \begin{array}{l} \cdots ① \\ \cdots ② \end{array} \xrightarrow{②-①} \begin{bmatrix} 2 & 3 & | & 1 & 0 \\ 1 & -1 & | & -1 & 1 \end{bmatrix}$$

$$\xrightarrow{①-②\times 2} \begin{bmatrix} 0 & 5 & | & 3 & -2 \\ 1 & -1 & | & -1 & 1 \end{bmatrix}$$

$$\xrightarrow{①\leftrightarrow ②} \begin{bmatrix} 1 & -1 & | & -1 & 1 \\ 0 & 5 & | & 3 & -2 \end{bmatrix}$$

$$\xrightarrow{②\times \frac{1}{5}} \begin{bmatrix} 1 & -1 & | & -1 & 1 \\ 0 & 1 & | & \frac{3}{5} & -\frac{2}{5} \end{bmatrix}$$

$$\xrightarrow{①+②} \begin{bmatrix} 1 & 0 & | & -\frac{2}{5} & \frac{3}{5} \\ 0 & 1 & | & \frac{3}{5} & -\frac{2}{5} \end{bmatrix}$$

よって $\begin{bmatrix} 2 & 3 \\ 3 & -2 \end{bmatrix}^{-1} = \begin{bmatrix} -\frac{2}{5} & \frac{3}{5} \\ \frac{3}{5} & -\frac{2}{5} \end{bmatrix}$.

最初の式に両辺左から $\begin{bmatrix} 2 & 3 \\ 3 & -2 \end{bmatrix}^{-1}$ を掛けて

$$\begin{bmatrix} x \\ y \end{bmatrix} = \begin{bmatrix} -\frac{2}{5} & \frac{3}{5} \\ \frac{3}{5} & -\frac{2}{5} \end{bmatrix} \begin{bmatrix} 9 \\ 11 \end{bmatrix} = \begin{bmatrix} -\frac{2}{5} \cdot 9 + \frac{3}{5} \cdot 11 \\ \frac{3}{5} \cdot 9 + \left(-\frac{2}{5}\right) \cdot 11 \end{bmatrix} = \begin{bmatrix} 3 \\ 1 \end{bmatrix}$$

よって $x = 3, y = 1$ が求める解になる．

第2章　演習問題

■ **演習 2.1** 次の行列の逆行列は存在するか．存在するならば示し，存在しない場合は理由を述べよ．

(1) $A = \begin{bmatrix} 2 & 4 \\ 1 & 0 \end{bmatrix}$

(2) $B = \begin{bmatrix} 8 & 4 \\ 2 & 1 \end{bmatrix}$

■ **演習 2.2** 2次正方行列 X, Y に対し次は成り立つか．成り立つときは証明し，成り立たないときは反例を述べよ．

(1) $E + 2X + X^2 = (E + X)^2$

(2) $(X + Y)(X - Y) = X^2 - Y^2$

■ **演習 2.3** $(P^{-1}AP)^3 = P^{-1}A^3P$ を示せ．
(一般に $(P^{-1}AP)^n = P^{-1}A^nP$ が成り立つ)

■ **演習 2.4** 連立方程式
$$\begin{cases} x + 3y = 7 \\ 2x - y = 6 \end{cases}$$
を，(1) クラメールの公式，(2) 掃き出し法をそれぞれ使って解を求めよ．

■ **演習 2.5** $\begin{bmatrix} 5 & 2 \\ 8 & 3 \end{bmatrix}$ の逆行列を行基本変形を使って求めよ．

第3章
平面および空間のベクトル

　この章では第1章で行列の一種として定義したベクトルのうち，2次元と3次元のベクトルについて高校で習う範囲の事実を復習する．主に平面のベクトルについて詳しく説明するが全て3次元でも（実際には n 次元でも）成り立つことである．ベクトルは線形代数を始め，解析，物理などを学ぶ上で大切なものであり，情報科学，社会科学などの応用的分野でも役立っている．後の章でベクトルという概念を一般化するが，少なくともこの章の範囲は用語を含め，教科書を参照しなくてもよいレベルまで理解しておく必要がある．

3.1　ベクトル

3.1.1　ベクトルの図形的表現

　有向線分は下図のように始点と終点を指定することで決まる線分である．言い方を変えると"始点，方向，長さ"によってただ1つに定義できる．これら3つの要素のうちで，方向と長さのみに注目し，始点の違いを無視したものをベクトルとよぶ．

> **定義 3.1　ベクトルの図形的定義**
> 　有向線分はベクトルを定める．この有向線分と方向も長さも等しい他の有向線分を同一視する．始点が A，終点が B のベクトルを $\overrightarrow{AB}$ と書く．

通常原点は常に O で表す．

> **注意 3.1**　つまり，平行移動で重ね合わせることのできる有向線分は同じベクトルとして扱うということ．また一般的にベクトルを表す記号として，太字体 $\boldsymbol{a}, \boldsymbol{b}, \boldsymbol{c}$ などを使うのが普通である．

第 3 章　平面および空間のベクトル

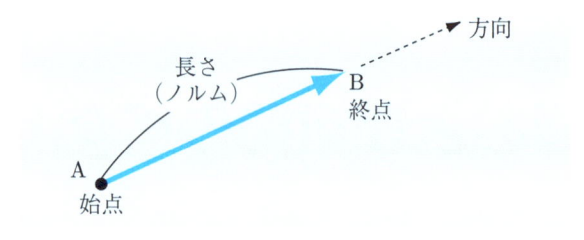

図 3.1

定義 3.2　ベクトルの相等
2 つのベクトル a, b が，同じ方向と長さを持つとき，a, b は相等であるとよび，$a = b$ と書く．

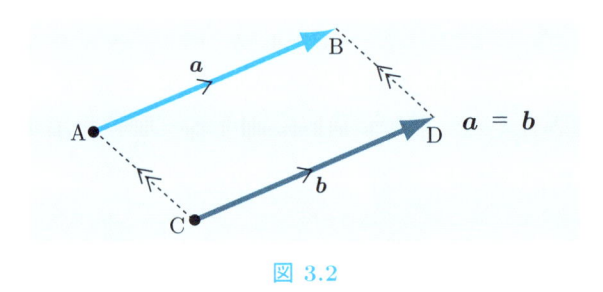

図 3.2

例 3.1　$\overrightarrow{AB} = \overrightarrow{CD}$, $\overrightarrow{AC} = \overrightarrow{BD}$.

定義 3.3　ベクトル $a = \overrightarrow{AB}$ の長さをノルム（**norm**）とよび，$\|a\|$ や $|\overrightarrow{AB}|$ で表す．

定義 3.4　零ベクトル，単位ベクトル
始点と終点が一致したベクトルは長さが 0 になる．これを**零（ゼロ）ベクトル**とよび，$\mathbf{0}$ または $\vec{0}$ と書く．このとき，方向は定めないものとする．また，長さが 1 のベクトルを**単位ベクトル**とよぶ．e, $\vec{e}$ などと書く．

3.1 ベクトル

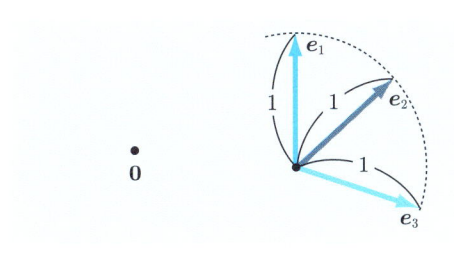

図 3.3

注意 3.2 単位ベクトルは図 3.3 のように零ベクトルとは違い，いろいろな方向の単位ベクトルが存在する（$e_1, e_2, \ldots$ と書くこともある）が，向きを指定すれば単位ベクトルは 1 通りに決まる．

例 3.2 (1) $\|e\| = 1$
(2) $\|\mathbf{0}\| = 0$，逆に $\|a\| = 0 \Rightarrow a = \mathbf{0}$. □

例 3.3 $x \neq \mathbf{0}$ のとき，ベクトル $\dfrac{x}{\|x\|}$ は単位ベクトル． □

定義 3.5 $x = \overrightarrow{AB}$ に対し，$\overrightarrow{AB}$ の向きを逆にした $\overrightarrow{BA}$ を x の逆ベクトルとよび，$-x$ と書く．

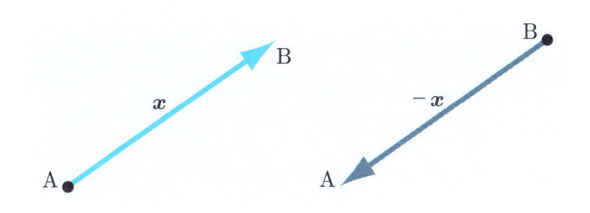

図 3.4

定義 3.6 $a, b \, (\neq \mathbf{0})$ の向きが一致するかまたは逆のときに a と b は平行であるとよび，$a \parallel b$ と書く（$\mathbf{0}$ ベクトルも含めて平行とよぶ場合もある）．

定義 3.7 ベクトル a, b に対し，和 $a + b$ を a と b（を平行移動して）から作られる平行四辺形の対角線として定義する．また，差 $a - b$ は a と $-b$ の和として定義する．

図 3.5

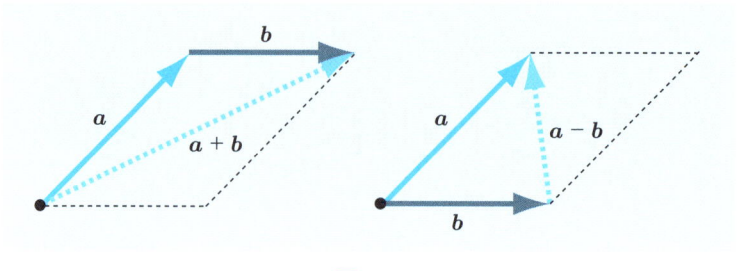

「三角形の二辺の和は他の一辺よりも大きい」をベクトルの言葉で表すと次の命題になる.

命題 3.1 [三角不等式] 任意のベクトル a, b に対し次式が成り立つ.

$$\|a+b\| \leq \|a\| + \|b\|$$

等号成立は a または b が 0 と等しいか, a と b の向きが一致するとき.

ただしベクトルを図形的にとらえる場合には記号 $\overrightarrow{AB}$ の方がわかりやすい場合もある.

例 3.4 (1) $\overrightarrow{AB} + \overrightarrow{BC} = \overrightarrow{AC}$
(2) $\overrightarrow{AB} + \overrightarrow{BC} + \overrightarrow{CD} = \overrightarrow{AD}$ (3) $\overrightarrow{AB} = \overrightarrow{AO} + \overrightarrow{OB} = \overrightarrow{OB} - \overrightarrow{OA}$ □

定義 3.8 ベクトルのスカラー倍

k : 実数に対し, **スカラー倍** ka を次で定義する (図 3.6).

(1) $a = 0$ のとき, $ka = k0 = 0$.

$a \neq 0$ のとき

(2) $k > 0$ ならば ka は a と同じ方向で, 大きさは $k\|a\|$ に等しいベクトル.

(3) $k = 0$ ならば $ka = 0$.

(4) $k < 0$ ならば ka は a と反対の方向で, 大きさは $|k|\|a\|$ に等しいベクトル.

また, 定義から次が成り立つことがわかる.

3.1 ベクトル

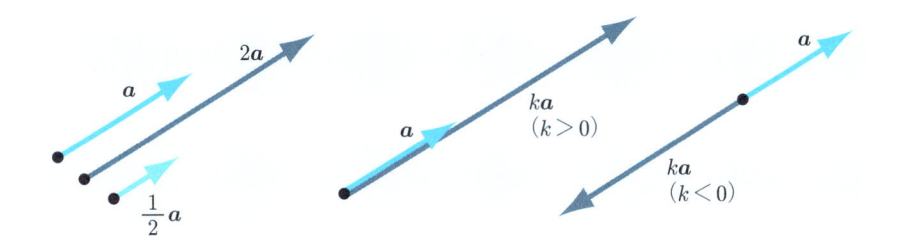

図 3.6

命題 3.2 $k\boldsymbol{a} = \boldsymbol{0} \iff k = 0$ または $\boldsymbol{a} = \boldsymbol{0}$

例 3.5 (1) $(-1)\boldsymbol{x} = -\boldsymbol{x}$ (2) $1\boldsymbol{b} = \boldsymbol{b}$

(3) $\dfrac{3}{5}\boldsymbol{a} = \dfrac{1}{5}(3\boldsymbol{a}) = 3\left(\dfrac{\boldsymbol{a}}{5}\right)$ □

3.1.2 ベクトルの成分表示

定義 3.9 標準基底と成分表示

$\boldsymbol{e}_1$ を x 軸の正の向きを持つ単位ベクトル,$\boldsymbol{e}_2$ を y 軸の正の向きを持つ単位ベクトルとするとき,これら $\boldsymbol{e}_1$, $\boldsymbol{e}_2$ をそれぞれ x 軸,y 軸方向の**基本ベクトル**とよぶ,また $\boldsymbol{e}_1$, $\boldsymbol{e}_2$ をあわせたものを平面ベクトルの**標準基底**(**canonical basis**) とよぶ.

注意 3.3 同様に $\boldsymbol{e}_3$ を z 軸の正の向きを持つ単位ベクトルとするとき,空間ベクトルの標準基底が取れる.

例 3.6 点 $\mathrm{E}_1 = (1,\ 0)$, $\mathrm{E}_2 = (0,\ 1)$ とすると,$\boldsymbol{e}_1 = \overrightarrow{\mathrm{OE}_1}$, $\boldsymbol{e}_2 = \overrightarrow{\mathrm{OE}_2}$. □

定義 3.10 ベクトルの成分表示

平面ベクトル $\boldsymbol{a}$ が $\boldsymbol{a} = a_1 \boldsymbol{e}_1 + a_2 \boldsymbol{e}_2$ を満たすとき,これを $\boldsymbol{a} = \begin{bmatrix} a_1 \\ a_2 \end{bmatrix}$ と書き,$\boldsymbol{a}$ の**成分表示**とよぶ.

注意 3.4 これにより以前定義した "行列としてのベクトル" と "矢印としてのベクトル" が同一視できるようになった．図形的に解釈をすると，与えられたベクトルを始点が原点になるように平行移動したとき，終点の座標が (a_1, a_2) になっている．この $\boldsymbol{a}$ を位置ベクトルともいう．

例 3.7 2次元平面では $\boldsymbol{0} = \begin{bmatrix} 0 \\ 0 \end{bmatrix}$, $\boldsymbol{e}_1 = \begin{bmatrix} 1 \\ 0 \end{bmatrix}$, $\boldsymbol{e}_2 = \begin{bmatrix} 0 \\ 1 \end{bmatrix}$.

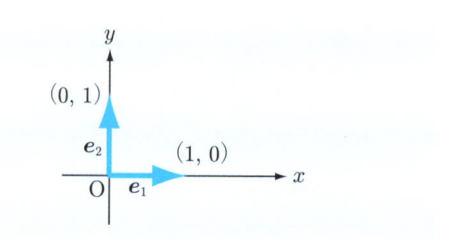

図 3.7

同様に 3 次元空間での成分表示は次のようになる．

例 3.8 $\boldsymbol{0} = \begin{bmatrix} 0 \\ 0 \\ 0 \end{bmatrix}$, $\boldsymbol{e}_1 = \begin{bmatrix} 1 \\ 0 \\ 0 \end{bmatrix}$, $\boldsymbol{e}_2 = \begin{bmatrix} 0 \\ 1 \\ 0 \end{bmatrix}$, $\boldsymbol{e}_3 = \begin{bmatrix} 0 \\ 0 \\ 1 \end{bmatrix}$.

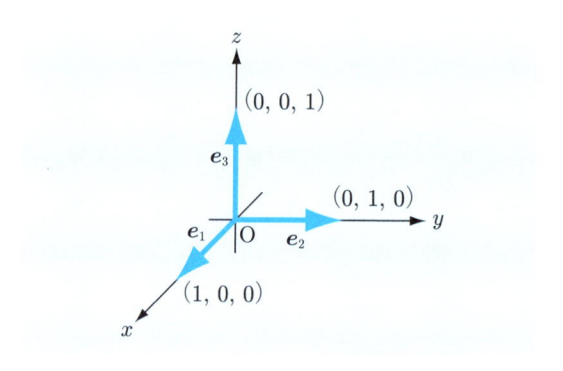

図 3.8

図 3.9

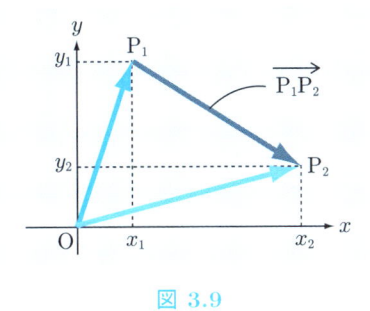

例 3.9 点 $P_1 = (x_1, y_1)$, $P_2 = (x_2, y_2)$ のとき，図 3.9 より

$$\overrightarrow{P_1P_2} = (x_2 - x_1)\boldsymbol{e}_1 + (y_2 - y_1)\boldsymbol{e}_2$$
$$= \begin{bmatrix} x_2 - x_1 \\ y_2 - y_1 \end{bmatrix}$$

□

ベクトルを成分表示すれば，ベクトルの和，差，スカラー倍の計算は通常の行列の計算と同じようにしてできる．

命題 3.3 p, q を実数とする． $\boldsymbol{a} = \begin{bmatrix} a_1 \\ a_2 \end{bmatrix}$, $\boldsymbol{b} = \begin{bmatrix} b_1 \\ b_2 \end{bmatrix}$ とおくとき，

$$p\boldsymbol{a} \pm q\boldsymbol{b} = \begin{bmatrix} pa_1 \pm qb_1 \\ pa_2 \pm qb_2 \end{bmatrix}$$

同様に $\boldsymbol{a} = \begin{bmatrix} a_1 \\ a_2 \\ a_3 \end{bmatrix}$, $\boldsymbol{b} = \begin{bmatrix} b_1 \\ b_2 \\ b_3 \end{bmatrix}$ とおくとき，

$$p\boldsymbol{a} \pm q\boldsymbol{b} = \begin{bmatrix} pa_1 \pm qb_1 \\ pa_2 \pm qb_2 \\ pa_3 \pm qb_3 \end{bmatrix}$$

> **例題 3.1　ベクトルの成分表示**
>
> $a = \begin{bmatrix} 3 \\ 5 \end{bmatrix}$, $b = \begin{bmatrix} 4 \\ -1 \end{bmatrix}$ とする．次のベクトルを成分表示せよ．
>
> (1) $2a$
> (2) $a - b$
> (3) $b + 3a$
> (4) $\dfrac{2}{3}a - \dfrac{1}{2}b$

【解答】 (1) $2a = 2\begin{bmatrix} 3 \\ 5 \end{bmatrix} = \begin{bmatrix} 2\cdot 3 \\ 2\cdot 5 \end{bmatrix} = \begin{bmatrix} 6 \\ 10 \end{bmatrix}$.

(2) $a - b = \begin{bmatrix} 3-4 \\ 5-(-1) \end{bmatrix} = \begin{bmatrix} -1 \\ 6 \end{bmatrix}$.

(3) $b + 3a = \begin{bmatrix} 4 \\ -1 \end{bmatrix} + 3\begin{bmatrix} 3 \\ 5 \end{bmatrix} = \begin{bmatrix} 4+3\cdot 3 \\ -1+3\cdot 5 \end{bmatrix} = \begin{bmatrix} 13 \\ 14 \end{bmatrix}$.

(4) $\dfrac{2}{3}a - \dfrac{1}{2}b = \dfrac{2}{3}\begin{bmatrix} 3 \\ 5 \end{bmatrix} - \dfrac{1}{2}\begin{bmatrix} 4 \\ -1 \end{bmatrix} = \begin{bmatrix} \dfrac{2}{3}\cdot 3 - \dfrac{1}{2}\cdot 4 \\ \dfrac{2}{3}\cdot 5 - \left(-\dfrac{1}{2}\right) \end{bmatrix} = \begin{bmatrix} 0 \\ \dfrac{23}{6} \end{bmatrix}$.

3.1.3　ノ ル ム

2次元および3次元ベクトルに対しては長さ（距離）という概念からノルムの計算公式が容易に得られる．

> **定義 3.11　ベクトルのノルム**
>
> 平面ベクトル $a = \begin{bmatrix} a_1 \\ a_2 \end{bmatrix}$ のノルムは
>
> $$\|a\| = \sqrt{a_1^2 + a_2^2}$$

で得られる．また空間ベクトル $\boldsymbol{b} = \begin{bmatrix} b_1 \\ b_2 \\ b_3 \end{bmatrix}$ のノルムは

$$\|\boldsymbol{b}\| = \sqrt{b_1^2 + b_2^2 + b_3^2}$$

で得られる．

例 3.10 $\boldsymbol{x} = \begin{bmatrix} -3 \\ 2 \\ 1 \end{bmatrix}$ のとき，

$$\|\boldsymbol{x}\| = \sqrt{(-3)^2 + 2^2 + 1^2} = \sqrt{9 + 4 + 1} = \sqrt{14}. \qquad \square$$

例題 3.2 ベクトルのノルム

$\boldsymbol{x} = \begin{bmatrix} -1 \\ 0 \\ 3 \end{bmatrix}$, $\boldsymbol{y} = \begin{bmatrix} 2 \\ -2 \\ 3 \end{bmatrix}$ に対し，次のベクトルのノルムを求めよ．

(1) $\boldsymbol{x}, \boldsymbol{y}$
(2) $\boldsymbol{x} - \boldsymbol{y}$
(3) $3\boldsymbol{y} + 2\boldsymbol{x}$

【解答】 (1) $\|\boldsymbol{x}\| = \sqrt{(-1)^2 + 0^2 + 3^2} = \sqrt{10}$,
$\|\boldsymbol{y}\| = \sqrt{2^2 + (-2)^2 + 3^2} = \sqrt{17}$

(2) $\boldsymbol{x} - \boldsymbol{y} = \begin{bmatrix} -1-2 \\ 0+2 \\ 3-3 \end{bmatrix} = \begin{bmatrix} -3 \\ 2 \\ 0 \end{bmatrix}$. よって

$$\|\boldsymbol{x} - \boldsymbol{y}\| = \sqrt{(-3)^2 + 2^2 + 0^2} = \sqrt{13}.$$

(3) $3\boldsymbol{y} + 2\boldsymbol{x} = \begin{bmatrix} 3 \cdot 2 + 2 \cdot (-1) \\ 3 \cdot (-2) + 2 \cdot 0 \\ 3 \cdot 3 + 2 \cdot 3 \end{bmatrix} = \begin{bmatrix} 4 \\ -6 \\ 15 \end{bmatrix}$. よって

$$\|3\boldsymbol{y}+2\boldsymbol{x}\| = \sqrt{4^2+(-6)^2+15^2} = \sqrt{277}. \qquad \square$$

問題 3.1 $\boldsymbol{x} = \begin{bmatrix} 2 \\ 0 \\ -2 \end{bmatrix}$, $\boldsymbol{y} = \begin{bmatrix} 5 \\ 2 \\ 3 \end{bmatrix}$, $\boldsymbol{z} = \begin{bmatrix} -1 \\ 4 \\ 2 \end{bmatrix}$ に対し,次のベクトルのノルムを求めよ.

(1) $\boldsymbol{x}$, $\boldsymbol{y}$, $\boldsymbol{z}$
(2) $\boldsymbol{x} - \boldsymbol{y}$
(3) $2\boldsymbol{y} - \boldsymbol{z}$

3.2 内 積

行列の積として,例えば $\begin{bmatrix} a_1 \\ a_2 \end{bmatrix} \begin{bmatrix} b_1 \\ b_2 \end{bmatrix}$ は計算できない.そこで,次のように考える(一般の n 次元ベクトルで定義してみよう).

定義 3.12

$\boldsymbol{a} = \begin{bmatrix} a_1 \\ a_2 \\ \vdots \\ a_n \end{bmatrix}$, $\boldsymbol{b} = \begin{bmatrix} b_1 \\ b_2 \\ \vdots \\ b_n \end{bmatrix}$ に対し,

$${}^t\boldsymbol{a}\boldsymbol{b} = \begin{bmatrix} a_1 & a_2 & \ldots & a_n \end{bmatrix} \begin{bmatrix} b_1 \\ b_2 \\ \vdots \\ b_n \end{bmatrix} = a_1 b_1 + a_2 b_2 + \cdots + a_n b_n$$

を $\boldsymbol{a}$ と $\boldsymbol{b}$ との**内積**とよび,$\boldsymbol{a} \cdot \boldsymbol{b}$,$(\boldsymbol{a}, \boldsymbol{b})$ などと書く.

注意 3.5 実数の計算では $2 \times 3 = 2 \cdot 3 = 6$ だが,$\boldsymbol{a} \times \boldsymbol{b}$ は "外積" という別の意味があるので,使ってはいけない(付録を参照).

3.2 内積

例 3.11 $\begin{bmatrix} a_1 \\ a_2 \end{bmatrix} \cdot \begin{bmatrix} b_1 \\ b_2 \end{bmatrix} = a_1 b_1 + a_2 b_2$ □

例 3.12 $\begin{bmatrix} -3 \\ 2 \end{bmatrix} \cdot \begin{bmatrix} 2 \\ 3 \end{bmatrix} = -3 \cdot 2 + 2 \cdot 3 = -6 + 6 = 0$ □

3.1.3 項で定義したノルムと内積の間には次の関係がある.

命題 3.4 $\boldsymbol{a} \cdot \boldsymbol{b} = \|\boldsymbol{a}\| \|\boldsymbol{b}\| \cos\theta \quad (0 \leq \theta \leq \pi)$

2, 3 次元の場合には余弦定理を使って証明される. n 次元の場合にはこれが"ベクトルのなす角"を定義する式となる.

例 3.13 $\boldsymbol{a} = \begin{bmatrix} 1 \\ 0 \\ -1 \end{bmatrix}, \boldsymbol{b} = \begin{bmatrix} 2 \\ -2 \\ -1 \end{bmatrix}$, $\boldsymbol{a}$ と $\boldsymbol{b}$ のなす角を θ とする. 命題 3.2 より,

$$\boldsymbol{a} \cdot \boldsymbol{b} = 1 \cdot 2 + 0 \cdot (-2) + (-1) \cdot (-1) = 3,$$
$$\|a\| = \sqrt{1^2 + 0^2 + (-1)^2} = \sqrt{2},$$
$$\|b\| = \sqrt{2^2 + (-2)^2 + (-1)^2} = 3.$$

よって $\cos\theta = \dfrac{3}{\sqrt{2} \cdot 3} = \dfrac{1}{\sqrt{2}}$ となり, ベクトル $\boldsymbol{a}$ と $\boldsymbol{b}$ のなす角は $\dfrac{\pi}{4}$ である. □

定義からただちに次の事実が成り立つ.

命題 3.5 (1) $\boldsymbol{a} \cdot \boldsymbol{a} = \|\boldsymbol{a}\|^2 \geq 0$
(2) $\boldsymbol{a} \cdot \boldsymbol{a} = 0 \quad \Leftrightarrow \quad \|\boldsymbol{a}\| = 0 \quad \Leftrightarrow \quad \boldsymbol{a} = \boldsymbol{0}$

次の命題は重要である.

命題 3.6 (1) $\boldsymbol{a} \neq \boldsymbol{0}, \boldsymbol{b} \neq \boldsymbol{0}$ のとき
$\quad\boldsymbol{a} \cdot \boldsymbol{b} = 0 \quad \Leftrightarrow \quad \boldsymbol{a}$ と $\boldsymbol{b}$ は直交している
(2) $(\boldsymbol{a} \cdot \boldsymbol{b})^2 \leq \|\boldsymbol{a}\|^2 \|\boldsymbol{b}\|^2 \quad$ (シュワルツの不等式)

> **注意 3.6** (1) は $\cos\frac{\pi}{2}=0$, (2) は $-1\leq\cos\theta\leq 1$ から得られる.

> **例 3.14** $\begin{bmatrix}-3\\2\end{bmatrix}$ と $\begin{bmatrix}2\\3\end{bmatrix}$ は直交している. □

例題 3.3　ベクトルの内積

$a=\begin{bmatrix}1\\-\sqrt{3}\end{bmatrix}$, $b=\begin{bmatrix}1+\sqrt{3}\\1-\sqrt{3}\end{bmatrix}$ に対し

(1) a と b のノルムを求めよ.
(2) a と b の内積を求めよ.
(3) a と b のなす角 θ $(0\leq\theta\leq\pi)$ を求めよ.

【解答】 (1) $\|a\|=\sqrt{1^2+\left(-\sqrt{3}\right)^2}=\sqrt{1+3}=2$,

$\|b\|=\sqrt{\left(1+\sqrt{3}\right)^2+\left(1-\sqrt{3}\right)^2}=\sqrt{1+2\sqrt{3}+3+1-2\sqrt{3}+3}$
$=2\sqrt{2}$.

(2) $a\cdot b=1\cdot\left(1+\sqrt{3}\right)-\sqrt{3}\cdot\left(1-\sqrt{3}\right)=1+\sqrt{3}-\sqrt{3}+3=4$.

(3) $\cos\theta=\dfrac{a\cdot b}{\|a\|\,\|b\|}=\dfrac{4}{2\cdot 2\sqrt{2}}=\dfrac{1}{\sqrt{2}}$. よって $\theta=\dfrac{\pi}{4}$. □

> **問題 3.2** $a=\begin{bmatrix}-3\\2\\1\end{bmatrix}$, $b=\begin{bmatrix}-1\\1\\1\end{bmatrix}$ に対し, a と b のなす角を θ $(0\leq\theta\leq\pi)$ とする. このときの $\sin\theta$ を求めよ.

3.3 ベクトルのパラメータ表示

3.3.1 内分と外分

$\overrightarrow{\mathrm{OA}}=a$, $\overrightarrow{\mathrm{OB}}=b$ に対し, 線分 AB を $m:n$ に内分する点 P の位置ベクトル $\overrightarrow{\mathrm{OP}}$ を p とする. このとき, 次の関係式が成り立つ.

$$p=\frac{n}{m+n}a+\frac{m}{m+n}b. \qquad \cdots(*)$$

3.3 ベクトルのパラメータ表示 41

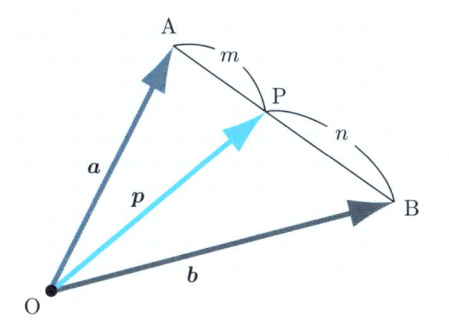

図 3.10

例 3.15 $\begin{bmatrix} a_1 \\ a_2 \end{bmatrix}$ と $\begin{bmatrix} b_1 \\ b_2 \end{bmatrix}$ の中点の位置ベクトルは上式に代入して

$$\frac{1}{1+1}\begin{bmatrix} a_1 \\ a_2 \end{bmatrix} + \frac{1}{1+1}\begin{bmatrix} b_1 \\ b_2 \end{bmatrix} = \begin{bmatrix} \dfrac{a_1+b_1}{2} \\ \dfrac{a_2+b_2}{2} \end{bmatrix}. \qquad \square$$

内分 $m:n$ の m と n は正であるが，負の値でも（つまり向きを逆に考えても）同様の公式が得られる．

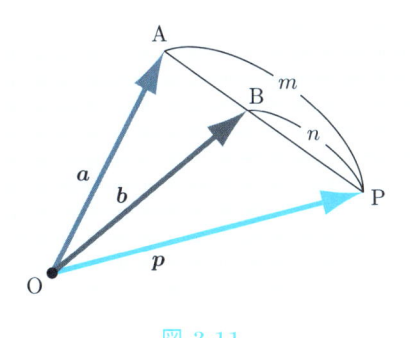

図 3.11

例えば，上図の場合に線分 AB の「$m:n$ の外分」を「$m:(-n)$ の内分」と考えることで，外分点 P の位置ベクトル p は次の式で表される．

$$p = \frac{-n}{m-n}a + \frac{m}{m-n}b.$$

例 3.16 $\begin{bmatrix} -1 \\ 2 \end{bmatrix}$ と $\begin{bmatrix} 4 \\ 1 \end{bmatrix}$ を $1:2$ に外分して得られる点の位置ベクトルは

$$\frac{-2}{1-2}\begin{bmatrix} -1 \\ 2 \end{bmatrix} + \frac{1}{1-2}\begin{bmatrix} 4 \\ 1 \end{bmatrix} = \begin{bmatrix} -2 \\ 4 \end{bmatrix} + \begin{bmatrix} -4 \\ -1 \end{bmatrix} = \begin{bmatrix} -6 \\ 3 \end{bmatrix}$$

例題 3.4 位置ベクトル

点 A の位置ベクトルを $\boldsymbol{a} = \begin{bmatrix} -3 \\ 1 \end{bmatrix}$, 点 B の位置ベクトルを $\boldsymbol{b} = \begin{bmatrix} 2 \\ 2 \end{bmatrix}$ とするとき, 次の各点の位置ベクトルを求めよ.

(1) 線分 AB を $2:3$ に内分する点
(2) 線分 AB を $3:2$ に外分する点

【解答】 求める位置ベクトルは公式に代入し, それぞれ

(1) $\dfrac{3}{2+3}\begin{bmatrix} -3 \\ 1 \end{bmatrix} + \dfrac{2}{2+3}\begin{bmatrix} 2 \\ 2 \end{bmatrix} = \begin{bmatrix} -\frac{9}{5} \\ \frac{3}{5} \end{bmatrix} + \begin{bmatrix} \frac{4}{5} \\ \frac{4}{5} \end{bmatrix} = \begin{bmatrix} -1 \\ \frac{7}{5} \end{bmatrix}.$

(2) $\dfrac{-2}{3-2}\begin{bmatrix} -3 \\ 1 \end{bmatrix} + \dfrac{3}{3-2}\begin{bmatrix} 2 \\ 2 \end{bmatrix} = \begin{bmatrix} 6 \\ -2 \end{bmatrix} + \begin{bmatrix} 6 \\ 6 \end{bmatrix} = \begin{bmatrix} 12 \\ 4 \end{bmatrix}.$

問題 3.3 点 A の位置ベクトルを $\boldsymbol{a} = \begin{bmatrix} 3 \\ 1 \\ 4 \end{bmatrix}$, 点 B の位置ベクトルを $\boldsymbol{b} = \begin{bmatrix} 0 \\ 8 \\ 2 \end{bmatrix}$ とするとき, 次の各点の位置ベクトルを求めよ.

(1) 線分 AB を $1:2$ に内分する点.
(2) 線分 AB を $1:2$ に外分する点.

3.3.2 直線のパラメータ表示

前項の関係式 (*) を $t = \dfrac{n}{m+n}$ とおきかえると, 線分 AB の間の点 P は AB を $t : 1-t$ $(0 \leq t \leq 1)$ に内分する点と考えられる. 逆に t として 0 から 1 までのすべての実数値を動かすことで, 線分 AB を表現できる. これを**線分のパラメータ表示**とよぶ.

3.3 ベクトルのパラメータ表示

命題 3.7 点 A, B の位置ベクトルを $\boldsymbol{a}, \boldsymbol{b}$ とする．このとき，線分 AB のパラメータ表示は

$$\begin{bmatrix} x \\ y \end{bmatrix} = (1-t)\boldsymbol{a} + t\boldsymbol{b} \quad (0 \leq t \leq 1)$$

で与えられる．

注意 3.7 $t=0$ のとき P は A の位置にあり，$t=1$ のとき P は B の位置にある．

直線 AB は線分 AB の内分点と外分点全体と考えられる．このことから次の**直線のパラメータ表示**が得られる．

命題 3.8 直線 AB のパラメータ表示は

$$(1-t)\boldsymbol{a} + t\boldsymbol{b} \quad (t:実数)$$

で与えられる．

注意 3.8 上の式を変形すると $\boldsymbol{a} + t(\boldsymbol{b}-\boldsymbol{a})$ となる．これは点 A を通り，$\overrightarrow{BA}$ と同じ方向を持つ直線だということを意味している．

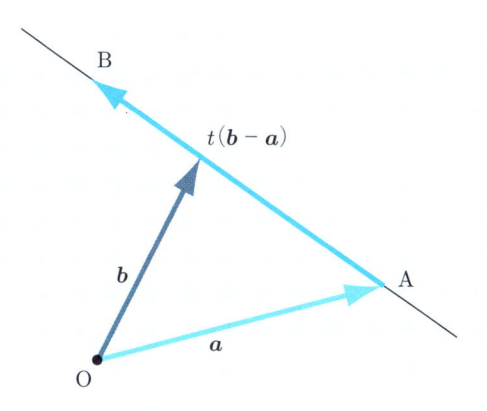

図 3.12

例題 3.5 直線のパラメータ表示

$y = ax + b$ $(a \neq 0)$ をパラメータ表示せよ．

【解答】 $x = t$ $(t : 実数)$ とおく．このとき，$y = at + b$ となる．よって

$$\begin{bmatrix} x \\ y \end{bmatrix} = \begin{bmatrix} t \\ at + b \end{bmatrix} = \begin{bmatrix} 0 \\ b \end{bmatrix} + \begin{bmatrix} t \\ at \end{bmatrix}$$

$$= \begin{bmatrix} 0 \\ b \end{bmatrix} + t \begin{bmatrix} 1 \\ a \end{bmatrix}.$$

これが求めるパラメータ表示である． □

問題 3.4 $\begin{bmatrix} x \\ y \end{bmatrix} = \begin{bmatrix} 1 \\ 2 \end{bmatrix} + t \begin{bmatrix} -1 \\ 3 \end{bmatrix}$ $(t : 実数)$ でパラメータ表示される直線の方程式を求めよ．

3.3.3 平面のパラメータ表示

一直線上にない 3 点 A, B, C を含む平面 S はただ 1 つ存在する．点 A, B, C の位置ベクトルをそれぞれ $\boldsymbol{a}, \boldsymbol{b}, \boldsymbol{c}$ とすると，S はベクトル $\boldsymbol{b} - \boldsymbol{a}$ と $\boldsymbol{c} - \boldsymbol{a}$ で張られる平面でもある．このとき，前項の注意 3.8 を 3 次元の場合に拡張することで次の平面のパラメータ表示が得られる．

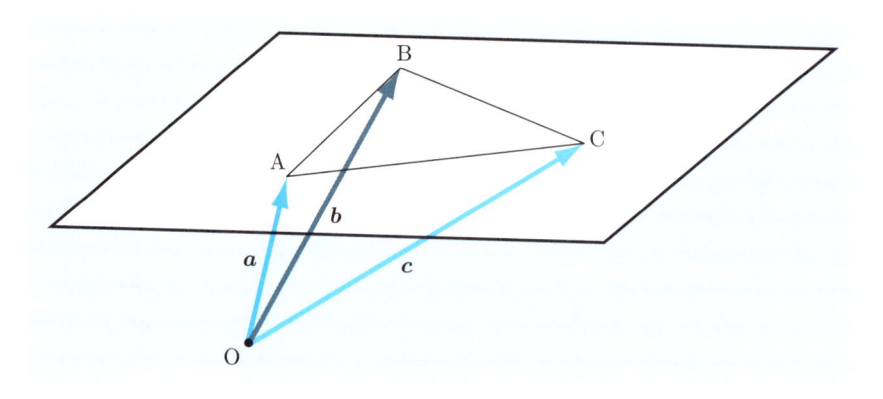

図 3.13

3.3 ベクトルのパラメータ表示

命題 3.9 平面 S のパラメータ表示は

$$\begin{bmatrix} x \\ y \\ z \end{bmatrix} = \boldsymbol{a} + s(\boldsymbol{b} - \boldsymbol{a}) + t(\boldsymbol{c} - \boldsymbol{a}) \quad (s,\ t:実数)$$

で与えられる．

例題 3.6 平面のパラメータ表示

平面 $3x + 2y - z = 0$ のパラメータ表示を求めよ．

【解答】 いろいろな方法が考えられる．

$x = s$, $y = t$ (s, t：実数) とすると $z = 3s + 2t$ と書けるので，

$$\begin{bmatrix} x \\ y \\ z \end{bmatrix} = \begin{bmatrix} s \\ t \\ 3s + 2t \end{bmatrix} = \begin{bmatrix} 1s + 0t \\ 0s + 1t \\ 3s + 2t \end{bmatrix}$$

$$= s \begin{bmatrix} 1 \\ 0 \\ 3 \end{bmatrix} + t \begin{bmatrix} 0 \\ 1 \\ 2 \end{bmatrix}$$

よって，求める平面のパラメータ表示は

$$\begin{bmatrix} x \\ y \\ z \end{bmatrix} = s \begin{bmatrix} 1 \\ 0 \\ 3 \end{bmatrix} + t \begin{bmatrix} 0 \\ 1 \\ 2 \end{bmatrix} \quad (s,\ t:実数).$$

【別解】 平面上の 3 点（の位置ベクトル）を見つける．例えば（実際に数値を代入して計算することで）$\begin{bmatrix} 0 \\ 0 \\ 0 \end{bmatrix}$, $\begin{bmatrix} 1 \\ 1 \\ 5 \end{bmatrix}$, $\begin{bmatrix} 0 \\ 1 \\ 2 \end{bmatrix}$ を得る．

したがって，求める平面のパラメータ表示は

$$\begin{bmatrix} x \\ y \\ z \end{bmatrix} = \begin{bmatrix} 0 \\ 0 \\ 0 \end{bmatrix} + s' \begin{bmatrix} 1 - 0 \\ 1 - 0 \\ 5 - 0 \end{bmatrix} + t' \begin{bmatrix} 0 - 0 \\ 1 - 0 \\ 2 - 0 \end{bmatrix} = s' \begin{bmatrix} 1 \\ 1 \\ 5 \end{bmatrix} + t' \begin{bmatrix} 0 \\ 1 \\ 2 \end{bmatrix} \quad (s',\ t':実数)$$

となる．

与えられた平面はベクトル $\begin{bmatrix} 3 \\ 2 \\ -1 \end{bmatrix}$ と垂直になる．パラメータ $(s, t\text{ など})$ がかかっているベクトルとの内積が 0 になることを検算してみよう．

$$\begin{bmatrix} 3 \\ 2 \\ -1 \end{bmatrix} \cdot \begin{bmatrix} 1 \\ 1 \\ 5 \end{bmatrix} = 3 \cdot 1 + 2 \cdot 1 + (-1) \cdot 5 = 0,$$

$$\begin{bmatrix} 3 \\ 2 \\ -1 \end{bmatrix} \cdot \begin{bmatrix} 0 \\ 1 \\ 2 \end{bmatrix} = 3 \cdot 0 + 2 \cdot 1 + (-1) \cdot 2 = 0,$$

$$\begin{bmatrix} 3 \\ 2 \\ -1 \end{bmatrix} \cdot \begin{bmatrix} 1 \\ 0 \\ 3 \end{bmatrix} = 3 \cdot 1 + 2 \cdot 0 + (-1) \cdot 3 = 0.$$

例題 3.6 の 2 通りの解き方で別の式が出ることにとまどうかもしれないが，実際には同じ平面を表している．例えば，2 番目の式は $x = s$, $y = t$ とおく代わりに $x = s'$, $y = s' + t'$ とおいていると考えればよい．他にも

$$\begin{bmatrix} 1 \\ 1 \\ 5 \end{bmatrix} = \begin{bmatrix} 1 \\ 0 \\ 3 \end{bmatrix} + \begin{bmatrix} 0 \\ 1 \\ 2 \end{bmatrix}$$

であることから，3 つのベクトルが同じ平面上にあることを確かめられる．これは第 5 章で学ぶ "基底の取りかえ" と関連性がある．

問題 3.5 平面 $2x - y + z = 5$ のパラメータ表示を求めよ．

第3章 演習問題

演習 3.1 3点 A, B, C の位置ベクトルをそれぞれ次で与える.

$$\boldsymbol{a} = \begin{bmatrix} 1 \\ -1 \\ 2 \end{bmatrix}, \ \boldsymbol{b} = \begin{bmatrix} 1 \\ 2 \\ 3 \end{bmatrix}, \ \boldsymbol{c} = \begin{bmatrix} 2 \\ -1 \\ 4 \end{bmatrix}$$

(1) ベクトル $\begin{bmatrix} 1 \\ x \\ y \end{bmatrix}$ が $\boldsymbol{a}, \boldsymbol{b}$ の両方に垂直となるように x, y を求めよ.

(2) 線分 AB を $1:3$ に内分する点を D とする. このとき, 線分 CD を $2:1$ に外分して得られる点の位置ベクトルを成分表示せよ.

演習 3.2 $\begin{bmatrix} x \\ y \\ z \end{bmatrix} = \begin{bmatrix} 1 \\ 0 \\ 1 \end{bmatrix} + s \begin{bmatrix} 1 \\ 1 \\ -3 \end{bmatrix} + t \begin{bmatrix} 0 \\ 2 \\ 4 \end{bmatrix}$ $(s, t:実数)$ が表す空間内の平面の方程式を求めよ.

演習 3.3 方程式 $2x - 3y + z = 2$ の表す空間内の平面のベクトル表示を求めよ.

演習 3.4 (応用:複素ベクトルの内積とノルム)

各成分が複素数のベクトルを**複素ベクトル**とよぶ. 複素ベクトルの内積は複素共役の記号 $\overline{a+bi} = a - bi$ $(a, b:実数)$ を用いて次のように定義される.

$$\boldsymbol{x} = \begin{bmatrix} x_1 \\ x_2 \\ x_3 \end{bmatrix}, \quad \boldsymbol{y} = \begin{bmatrix} y_1 \\ y_2 \\ y_3 \end{bmatrix}$$

に対し,

$$\boldsymbol{x} \cdot \boldsymbol{y} = x_1 \overline{y_1} + x_2 \overline{y_2} + x_3 \overline{y_3}.$$

また, ノルムも

$$\|\boldsymbol{x}\| = \sqrt{\boldsymbol{x} \cdot \boldsymbol{x}} = \sqrt{x_1 \overline{x_1} + x_2 \overline{x_2} + x_3 \overline{x_3}}$$

で定義される. 例えば, $\boldsymbol{x} = \begin{bmatrix} 1 \\ 0 \\ i \end{bmatrix}$ のノルムは,

$$\|\boldsymbol{x}\| = \sqrt{1\cdot\overline{1}+0\cdot\overline{0}+i\cdot\overline{i}}$$
$$= \sqrt{1\cdot 1+0\cdot 0+i\cdot(-i)}$$
$$= \sqrt{1-i^2}=\sqrt{1+1}=\sqrt{2}$$

であって，$\sqrt{1^2+0^2+i^2}=0$ ではない．

今 $\boldsymbol{a}=\begin{bmatrix}1\\-1\\1\end{bmatrix}$, $\boldsymbol{b}=\begin{bmatrix}i\\1\\1+i\end{bmatrix}$, $\boldsymbol{c}=\begin{bmatrix}2+i\\-1-i\\1+i\end{bmatrix}$ とおく．以下の問いに答えよ．

(1) $\boldsymbol{a}\cdot\boldsymbol{b}$, $\boldsymbol{b}\cdot\boldsymbol{a}$, $\boldsymbol{a}\cdot\boldsymbol{c}$, $\boldsymbol{b}\cdot\boldsymbol{c}$ を求めよ．
(2) $\|\boldsymbol{a}\|$, $\|\boldsymbol{b}\|$, $\|\boldsymbol{c}\|$ を求めよ．

第4章
一般の行列と行列式

　この章では今までに学んできたことを，より大きな行列に対して一般化していく．また，連立方程式の解がただ1つではない場合にも掃き出し法を用いて解けるようにする．

■ 4.1　行　列　式

4.1.1　サラスの公式

　2次正方行列 $\begin{bmatrix} a & b \\ c & d \end{bmatrix}$ の行列式は $ad - bc$ であった．これは下図にある「平行四辺形の面積」という図形的な意味を含んでいる．

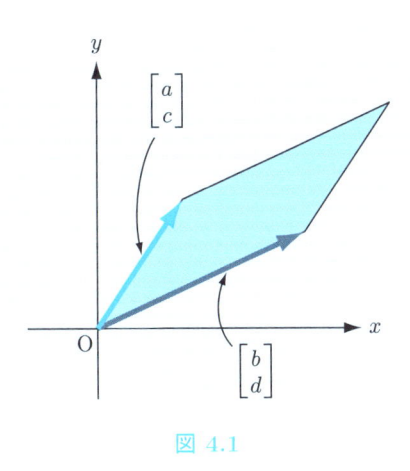

図 4.1

　実際に，行列式には $\pm$ の値が出るので，常に正であるはずの面積というのを不思議に思うかもしれないが，空間内に浮かぶ平行四辺形の "表と裏のようなもの" だと考えればよい．

同様に考えると，3次正方行列 $\begin{bmatrix} a_1 & b_1 & c_1 \\ a_2 & b_2 & c_2 \\ a_3 & b_3 & c_3 \end{bmatrix}$ の行列式の値はベクトル $\begin{bmatrix} a_1 \\ a_2 \\ a_3 \end{bmatrix}$, $\begin{bmatrix} b_1 \\ b_2 \\ b_3 \end{bmatrix}$, $\begin{bmatrix} c_1 \\ c_2 \\ c_3 \end{bmatrix}$ が作る平行六面体の体積として定義できる．

定義 4.1　サラスの公式

$$\begin{vmatrix} a_1 & b_1 & c_1 \\ a_2 & b_2 & c_2 \\ a_3 & b_3 & c_3 \end{vmatrix} = a_1 b_2 c_3 + b_1 c_2 a_3 + c_1 a_2 b_3 - a_1 c_2 b_3 - b_1 a_2 c_3 - c_1 b_2 a_3$$

この長い式は次のように覚えるとよい．

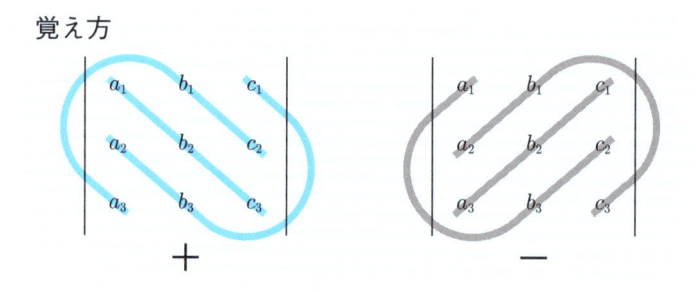

覚え方

図 4.2

注意 4.1　どちらが + でどちらが − かを忘れてしまったら，2 次正方行列の公式を思い出そう！

例 4.1
$$\begin{vmatrix} 1 & 2 & 1 \\ 1 & 1 & 2 \\ 0 & 1 & 0 \end{vmatrix}$$
$= 1 \cdot 1 \cdot 0 + 2 \cdot 2 \cdot 0 + 1 \cdot 1 \cdot 1 - 1 \cdot 1 \cdot 2 - 2 \cdot 1 \cdot 0 - 1 \cdot 1 \cdot 0$
$= 0 + 0 + 1 - 2 - 0 - 0 = -1$

例題 4.1　行列式

次の行列の行列式を求めよ．

(1) $\begin{bmatrix} 1 & -1 & -1 \\ 1 & -2 & 0 \\ 2 & -1 & 1 \end{bmatrix}$

(2) $\begin{bmatrix} 2 & 4 & 2 \\ 1 & 2 & 3 \\ -2 & 1 & 1 \end{bmatrix}$

【解答】　サラスの公式より

(1) $\begin{vmatrix} 1 & -1 & -1 \\ 1 & -2 & 0 \\ 2 & -1 & 1 \end{vmatrix}$

$= 1 \cdot (-2) \cdot 1 + (-1) \cdot 0 \cdot 2 + (-1) \cdot (-1) \cdot 1$
$\quad - 1 \cdot (-1) \cdot 0 - (-1) \cdot 1 \cdot 1 - (-1) \cdot (-2) \cdot 2$
$= -2 + 1 + 1 - 4 = -4$

(2) $\begin{vmatrix} 2 & 4 & 2 \\ 1 & 2 & 3 \\ -2 & 1 & 1 \end{vmatrix}$

$= 2 \cdot 2 \cdot 1 + 4 \cdot 3 \cdot (-2) + 2 \cdot 1 \cdot 1 - 2 \cdot 1 \cdot 3 - 4 \cdot 1 \cdot 1 - 2 \cdot 2 \cdot (-2)$
$= 4 - 24 + 2 - 6 - 4 + 8 = -20$

問題 4.1

$\begin{bmatrix} 5 & 2 & 1 \\ 4 & 3 & -2 \\ -3 & -1 & 0 \end{bmatrix}$ の行列式を求めよ．

一般の正方行列の行列式については次節で学ぶ．次の命題は 3 次だけでなく n 次正方行列の行列式に対しても成り立つ性質である．

命題 4.1　[行列式の基本性質]

k を実数とする．

(1) 転置行列の行列式は元の行列の行列式と等しい.

$$\begin{vmatrix} a & b & c \\ d & e & f \\ g & h & i \end{vmatrix} = \begin{vmatrix} a & d & g \\ b & e & h \\ c & f & i \end{vmatrix}$$

(2) ある行の定数倍を他の行に加えても行列式は等しい.

$$\begin{vmatrix} a+kd & b+ke & c+kf \\ d & e & f \\ g & h & i \end{vmatrix} = \begin{vmatrix} a & b & c \\ d & e & f \\ g & h & i \end{vmatrix}$$

(3) ある 1 つの行を定数倍すると行列式は k 倍になる.

$$\begin{vmatrix} ka & kb & kc \\ d & e & f \\ g & h & i \end{vmatrix} = k \begin{vmatrix} a & b & c \\ d & e & f \\ g & h & i \end{vmatrix}, \quad \begin{vmatrix} ka & b & c \\ kd & e & f \\ kg & h & i \end{vmatrix} = k \begin{vmatrix} a & b & c \\ d & e & f \\ g & h & i \end{vmatrix}$$

(4) ある 2 つの行を入れ替えると行列式の符号が変わる.

$$\begin{vmatrix} a & b & c \\ d & e & f \\ g & h & i \end{vmatrix} = - \begin{vmatrix} d & e & f \\ a & b & c \\ g & h & i \end{vmatrix}$$

(5) 2 つの行が等しいと行列式は 0 になる.

$$\begin{vmatrix} a & b & c \\ d & e & f \\ a & b & c \end{vmatrix} = 0$$

(6) 全ての成分が 0 の行がある行列の行列式は 0.

$$\begin{vmatrix} a & b & c \\ d & e & f \\ 0 & 0 & 0 \end{vmatrix} = 0$$

4.1 行列式

注意 4.2 上の命題の行を列に変えても成り立つ．

特に，性質 (2), (3), (5) は因子が大きな数で計算が複雑な場合や，変数を含む場合によく使われる．

例題 4.2　3 次正方行列の行列式

$\begin{vmatrix} 11 & 20 & 13 \\ 22 & 20 & 15 \\ -22 & -20 & 15 \end{vmatrix}$ を求めよ．

【解答】

$\begin{vmatrix} 11 & 20 & 13 \\ 22 & 20 & 15 \\ -22 & -20 & 15 \end{vmatrix} \begin{matrix} \cdots ① \\ \cdots ② \\ \cdots ③ \end{matrix} \quad ③+② \atop = \quad \begin{vmatrix} 11 & 20 & 13 \\ 22 & 20 & 15 \\ 0 & 0 & 30 \end{vmatrix}$

$\stackrel{②-①}{=} \begin{vmatrix} 11 & 20 & 13 \\ 11 & 0 & 2 \\ 0 & 0 & 30 \end{vmatrix} = -20 \cdot 11 \cdot 30 = -6600$

□

問題 4.2 $\begin{vmatrix} 1 & a & b+c \\ 1 & b & a+c \\ 1 & c & a+b \end{vmatrix} = 0$ を示せ．

4.1.2 余因子展開定理

前項では 3 次正方行列の行列式を立体の体積（に ± をつけたもの）として与えたが，4 次以上の正方行列の行列式にサラスの公式は適用できない．ただし，すでに公式が与えられている 3 次の場合に帰着させることで計算を行うことができる．そのためにまず余因子の記号を導入する．

定義 4.2 行列 $A = \begin{bmatrix} a_{ij} \end{bmatrix}$ に対し，A の第 i 行と第 j 列を除いて得られる小行列 D_{ij} の行列式に $(-1)^{i+j}$ を掛けて得られる値 $(-1)^{i+j}|D_{ij}|$ を A の (i, j) 成分の**余因子**とよび，$\widetilde{a_{ij}}$ と書く．A_{ij} と書くこともある．

例 4.2 $A = \begin{bmatrix} a_{11} & a_{12} & a_{13} \\ a_{21} & a_{22} & a_{23} \\ a_{31} & a_{32} & a_{33} \end{bmatrix}$ に対し, $\widetilde{a_{11}}$ は次のように求める.

まず A の 1 行目と 1 列目を消して

$$\begin{bmatrix} a_{11} & a_{12} & a_{13} \\ a_{21} & a_{22} & a_{23} \\ a_{31} & a_{32} & a_{33} \end{bmatrix}$$

残りの成分をそのまま取り出すと D_{11} が得られる.

$$D_{11} = \begin{bmatrix} a_{22} & a_{23} \\ a_{32} & a_{33} \end{bmatrix}$$

よって $\widetilde{a_{11}} = (-1)^{1+1} \begin{vmatrix} a_{22} & a_{23} \\ a_{32} & a_{33} \end{vmatrix} = a_{22}a_{33} - a_{23}a_{32}$. □

慣れてきたら D_{ij} をいちいち書かず, 行列式をいきなり計算すること.

例 4.3 上の例で

$$\widetilde{a_{32}} = (-1)^{3+2} \begin{vmatrix} a_{11} & a_{13} \\ a_{21} & a_{23} \end{vmatrix} = -(a_{11}a_{23} - a_{13}a_{21})$$ □

例題 4.3 余因子

$\begin{bmatrix} 2 & 3 & -1 \\ 1 & 2 & 0 \\ 5 & 4 & -3 \end{bmatrix}$ に対し,

(1) (2, 1) 成分および, (2) (2, 3) 成分の各余因子を求めよ.

【解答】 (1) $(-1)^{2+1} \begin{vmatrix} 3 & -1 \\ 4 & -3 \end{vmatrix} = -(-9 + 4) = 5$

$$\begin{bmatrix} 2 & 3 & -1 \\ 1 & 2 & 0 \\ 5 & 4 & -3 \end{bmatrix}$$

(2) $\quad (-1)^{2+3} \begin{vmatrix} 2 & 3 \\ 5 & 4 \end{vmatrix} = -(8-15) = 7$

$$\begin{bmatrix} 2 & 3 & -1 \\ 1 & 2 & 0 \\ 5 & 4 & -3 \end{bmatrix}$$

□

注意 4.3 数字の上に "~" を乗せてはいけない．例えば $\widetilde{2}$ とすると上の行列では $(1,1)$ 成分と $(2,2)$ 成分の 2 通りの余因子が考えられ，区別が付かない．

問題 4.3 上の例題の (1) $(1,1)$ 成分と (2) $(2,2)$ 成分の余因子をそれぞれ求めよ．

以下しばらく 3 次正方行列で考えるが，一般の正方行列でも同じである．

3 次正方行列 $A = (a_{ij})$ の行列式を第 1 列の成分 a_{11}, a_{21}, a_{31} についてまとめてみる．

$|A|$
$= a_{11}a_{22}a_{33} + a_{12}a_{23}a_{31} + a_{13}a_{21}a_{32} - a_{11}a_{23}a_{32} - a_{12}a_{21}a_{33} - a_{13}a_{22}a_{31}$
$= a_{11}(a_{22}a_{33} - a_{23}a_{32}) - a_{21}(a_{13}a_{32} - a_{12}a_{33}) + a_{31}(a_{21}a_{23} - a_{13}a_{22})$
$= a_{11} \begin{vmatrix} a_{22} & a_{23} \\ a_{32} & a_{33} \end{vmatrix} - a_{21} \begin{vmatrix} a_{12} & a_{13} \\ a_{32} & a_{33} \end{vmatrix} + a_{31} \begin{vmatrix} a_{12} & a_{13} \\ a_{22} & a_{23} \end{vmatrix}$
$= a_{11}\widetilde{a_{11}} + a_{21}\widetilde{a_{21}} + a_{31}\widetilde{a_{31}}.$

これを $|A|$ の "第 1 列についての余因子展開" とよぶ．同様に "第 2 列についての余因子展開"

$$|A| = a_{12}\widetilde{a_{12}} + a_{22}\widetilde{a_{22}} + a_{32}\widetilde{a_{32}}$$

などが得られる．行についても同様で，例えば第 1 行の成分 a_{11}, a_{12}, a_{13} についてまとめると

$$|A| = a_{11}\widetilde{a_{11}} + a_{12}\widetilde{a_{12}} + a_{13}\widetilde{a_{13}}$$

などが得られる．一般に次の定理が成り立つ．

> **定理 4.1 余因子展開定理**
>
> n 次正方行列 $A = \begin{bmatrix} a_{ij} \end{bmatrix}$ に対し,
>
> $$|A| = a_{i1}\widetilde{a_{i1}} + a_{i2}\widetilde{a_{i2}} + \cdots + a_{in}\widetilde{a_{in}}$$
>
> が成り立つ.これを "第 i 行についての**余因子展開**" とよぶ.また,
>
> $$|A| = a_{1j}\widetilde{a_{1j}} + a_{2j}\widetilde{a_{2j}} + \cdots + a_{nj}\widetilde{a_{nj}}$$
>
> を "第 j 列についての**余因子展開**" とよぶ.

注意 4.4 この定理により,n 次正方行列の行列式を $(n-1)$ 個の $n-1$ 次正方行列の行列式に帰着して求めることができるようになる(例えば 4 次正方行列は 3 個の 3 次正方行列の和になる).どの行や列で展開しても同じ答えになるが,選び方で計算の難しさが変わるので注意すること.

例 4.4 $A = \begin{bmatrix} 5 & -4 & 7 \\ 0 & 2 & 0 \\ 4 & -3 & 6 \end{bmatrix}$ の行列式は次の通り.

(1) まず,第 2 行で余因子展開をする.0 が多いので簡単に計算できる.

$$|A| = 0 \cdot (-1)^{2+1} \begin{vmatrix} -4 & 7 \\ -3 & 6 \end{vmatrix} + 2 \cdot (-1)^{2+2} \begin{vmatrix} 5 & 7 \\ 4 & 6 \end{vmatrix} + 0 \cdot (-1)^{2+3} \begin{vmatrix} 5 & -4 \\ 4 & -3 \end{vmatrix}$$
$$= 2 \cdot (30 - 28) = 4$$

(2) 他のやり方.第 1 列で余因子展開をする.少し面倒だが (1) と同じ答えがでるはずである.

$$|A| = 5 \cdot (-1)^{1+1} \begin{vmatrix} 2 & 0 \\ -3 & 6 \end{vmatrix} + 0 \cdot (-1)^{2+1} \begin{vmatrix} -4 & 7 \\ -3 & 6 \end{vmatrix} + 4 \cdot (-1)^{3+1} \begin{vmatrix} -4 & 7 \\ 2 & 0 \end{vmatrix}$$
$$= 5 \cdot (12 - 0) + 4 \cdot (0 - 14) = 60 - 56 = 4$$

他の行や列でも余因子展開して同じ答えになるかどうか確かめてみるとよい.

□

例題 4.4　余因子展開

$\begin{vmatrix} 2 & 0 & -1 \\ 1 & -3 & 0 \\ 5 & 0 & -3 \end{vmatrix}$ を求めよ．

【解答】　0 が多い第 2 列で余因子展開する．

$\begin{vmatrix} 2 & \boxed{0} & -1 \\ 1 & \boxed{-3} & 0 \\ 5 & \boxed{0} & -3 \end{vmatrix}$

$= 0 \cdot (-1)^{2+1} \begin{vmatrix} 1 & 0 \\ 5 & -3 \end{vmatrix} - 3 \cdot (-1)^{2+2} \begin{vmatrix} 2 & -1 \\ 5 & -3 \end{vmatrix} + 0 \cdot (-1)^{2+3} \begin{vmatrix} 2 & -1 \\ 1 & 0 \end{vmatrix}$

$= -3 \cdot (-6 + 5) = 3.$　□

問題 4.4　$A = \begin{bmatrix} 1 & -2 & 1 & -2 \\ 1 & 0 & 1 & 0 \\ 3 & 2 & 1 & 1 \\ 4 & -3 & 2 & -1 \end{bmatrix}$ の行列式を求めよ．

4.2　クラメールの公式

2.2.1 項で 2 次正方行列のクラメールの公式を学んだが，より一般の n 次正方行列に対しても公式は成り立つ．まず一般の場合から書いておこう．

定理 4.2　一般のクラメールの公式

$$\begin{cases} a_{11}x_1 + a_{12}x_2 + \cdots + a_{1n}x_n = b_1 \\ a_{21}x_1 + a_{22}x_2 + \cdots + a_{2n}x_n = b_2 \\ \quad \vdots \\ a_{n1}x_1 + a_{n2}x_2 + \cdots + a_{nn}x_n = b_n \end{cases}$$

の係数行列を A とするとき，

$$|A| = \begin{vmatrix} a_{11} & a_{12} & \cdots & a_{1n} \\ a_{21} & a_{22} & \cdots & a_{2n} \\ \vdots & \vdots & \vdots & \vdots \\ a_{n1} & a_{n2} & \cdots & a_{nn} \end{vmatrix} \neq 0$$

ならば次のただ1組の解を持つ.

$$x_1 = \frac{\begin{vmatrix} b_1 & a_{12} & \cdots & a_{1n} \\ b_2 & a_{22} & \cdots & a_{2n} \\ \vdots & \vdots & \vdots & \vdots \\ b_n & a_{n2} & \cdots & a_{nn} \end{vmatrix}}{|A|}, \quad x_2 = \frac{\begin{vmatrix} a_{11} & b_1 & \cdots & a_{1n} \\ a_{21} & b_2 & \cdots & a_{2n} \\ \vdots & \vdots & \vdots & \vdots \\ a_{n1} & b_n & \cdots & a_{nn} \end{vmatrix}}{|A|}, \quad \ldots,$$

$$x_n = \frac{\begin{vmatrix} a_{11} & a_{12} & \cdots & b_1 \\ a_{21} & a_{22} & \cdots & b_2 \\ \vdots & \vdots & \vdots & \vdots \\ a_{n1} & a_{n2} & \cdots & b_n \end{vmatrix}}{|A|}.$$

注意 4.5 前節でわかるように4次以上の場合には行列式の計算が大変なため, $n \leq 3$ までしか用いないのが普通である.

もう一度3次正方行列の場合に書いてみる.

定理 4.3　クラメールの公式

$$\begin{cases} a_1 x + b_1 y + c_1 z = \alpha \\ a_2 x + b_2 y + c_2 z = \beta \\ a_3 x + b_3 y + c_3 z = \gamma \end{cases}$$

の係数行列を A とするとき,

$$|A| = \begin{vmatrix} a_1 & b_1 & c_1 \\ a_2 & b_2 & c_2 \\ a_3 & b_3 & c_3 \end{vmatrix} \neq 0$$

ならば次のただ1組の解を持つ.

$$x = \frac{\begin{vmatrix} \alpha & b_1 & c_1 \\ \beta & b_2 & c_2 \\ \gamma & b_3 & c_3 \end{vmatrix}}{|A|}, \quad y = \frac{\begin{vmatrix} a_1 & \alpha & c_1 \\ a_2 & \beta & c_2 \\ a_3 & \gamma & c_3 \end{vmatrix}}{|A|}, \quad z = \frac{\begin{vmatrix} a_1 & b_1 & \alpha \\ a_2 & b_2 & \beta \\ a_3 & b_3 & \gamma \end{vmatrix}}{|A|}.$$

例題 4.5　クラメールの公式

$$\begin{cases} 2x + 3y - z = 5 \\ x - 2y = -3 \\ 5x + 4y - 3z = 4 \end{cases}$$

の解を求めよ.

【解答】

$$\begin{vmatrix} 2 & 3 & -1 \\ 1 & -2 & 0 \\ 5 & 4 & -3 \end{vmatrix}$$
$$= 2 \cdot (-2) \cdot (-3) + (-1) \cdot 1 \cdot 4 - 3 \cdot 1 \cdot (-3) - (-1) \cdot (-2) \cdot 5 = 7 \neq 0$$

よってクラメールの公式が使えて, 求める解は

$$x = \frac{\begin{vmatrix} 5 & 3 & -1 \\ -3 & -2 & 0 \\ 4 & 4 & -3 \end{vmatrix}}{7} = \frac{7}{7} = 1,$$

$$y = \frac{\begin{vmatrix} 2 & 5 & -1 \\ 1 & -3 & 0 \\ 5 & 4 & -3 \end{vmatrix}}{7} = \frac{14}{7} = 2,$$

$$z = \frac{\begin{vmatrix} 2 & 3 & 5 \\ 1 & -2 & -3 \\ 5 & 4 & 4 \end{vmatrix}}{7} = \frac{21}{7} = 3.$$

4.3 掃き出し法

以前 2.2.2 項で学んだのと同様に，より大きな連立方程式も行基本変形の繰り返しによって解くことができる．ここでは解が 1 つに定まる 3 元連立 1 次方程式を取り扱い，計算の練習をする．それ以外の場合は 4.5 節で解説する．

以下では簡単のために矢印の上と下に操作を書くこととする．ただし，2 つの操作は独立なものでなくてはならない．例えば $\xrightarrow[\text{③} \times 2]{\text{②} + \text{①} \times 2}$ はよいが，$\xrightarrow[\text{③} \times 2]{\text{②} \leftrightarrow \text{③}}$ は下の ③ がどれを指しているのかわからなくなるので，このように書いてはいけない．

例 4.5

$$\begin{cases} 2x + 3y - z = 5 \\ x - 2y = -3 \\ 5x + 4y - 3z = 4 \end{cases}$$

を掃き出し法で解く．

与式の拡大係数行列に行基本変形すると

$$\begin{bmatrix} 2 & 3 & -1 & | & 5 \\ 1 & -2 & 0 & | & -3 \\ 5 & 4 & -3 & | & 4 \end{bmatrix} \begin{matrix} \cdots \text{①} \\ \cdots \text{②} \\ \cdots \text{③} \end{matrix} \xrightarrow{\text{①} \leftrightarrow \text{②}} \begin{bmatrix} 1 & -2 & 0 & | & -3 \\ 2 & 3 & -1 & | & 5 \\ 5 & 4 & -3 & | & 4 \end{bmatrix}$$

$$\xrightarrow[\text{③} - \text{①} \times 5]{\text{②} - \text{①} \times 2} \begin{bmatrix} 1 & -2 & 0 & | & -3 \\ 0 & 7 & -1 & | & 11 \\ 0 & 14 & -3 & | & 19 \end{bmatrix}$$

$$\xrightarrow{\text{③} - \text{②} \times 2} \begin{bmatrix} 1 & -2 & 0 & | & -3 \\ 0 & 7 & -1 & | & 11 \\ 0 & 0 & -1 & | & -3 \end{bmatrix}$$

4.3 掃き出し法

$$\xrightarrow{\text{②}-\text{③}} \begin{bmatrix} 1 & -2 & 0 & | & -3 \\ 0 & 7 & 0 & | & 14 \\ 0 & 0 & -1 & | & -3 \end{bmatrix}$$

$$\xrightarrow[\text{③}\times(-1)]{\text{②}\times\frac{1}{7}} \begin{bmatrix} 1 & -2 & 0 & | & -3 \\ 0 & 1 & 0 & | & 2 \\ 0 & 0 & 1 & | & 3 \end{bmatrix}$$

$$\xrightarrow{\text{①}+\text{②}\times 2} \begin{bmatrix} 1 & 0 & 0 & | & 1 \\ 0 & 1 & 0 & | & 2 \\ 0 & 0 & 1 & | & 3 \end{bmatrix}.$$

よって求める解は $x=1$, $y=2$, $z=3$ □

注意 4.6 2次のときには拡大係数行列の成分は6個だったが，3次では12個と倍増する．計算量が多くなりミスが増えやすくなるので，一つ一つ丁寧に見直しながら行うこと．慣れるまでは1通りの答えで満足するのではなく，他の手順でも実際に自分の手で解いてみて欲しい．それにより，どの方法が効率的か，あるいは計算が難しくなるかを実感できるだろう．

例題 4.6 掃き出し法

$$\begin{cases} 3x+2y+z=7 \\ -x-y+2z=1 \\ 2x+3y-z=8 \end{cases}$$

を掃き出し法で求めよ．

【解答】 与式の拡大係数行列に行基本変形すると

$$\begin{bmatrix} 3 & 2 & 1 & | & 7 \\ -1 & -1 & 2 & | & 1 \\ 2 & 3 & -1 & | & 8 \end{bmatrix} \begin{matrix} \cdots\text{①} \\ \cdots\text{②} \\ \cdots\text{③} \end{matrix} \xrightarrow[\text{③}+\text{②}\times 2]{\text{①}+\text{②}\times 2} \begin{bmatrix} 1 & 0 & 5 & | & 9 \\ -1 & -1 & 2 & | & 1 \\ 0 & 1 & 3 & | & 10 \end{bmatrix}$$

$$\xrightarrow{\text{②}+\text{①}} \begin{bmatrix} 1 & 0 & 5 & | & 9 \\ 0 & -1 & 7 & | & 10 \\ 0 & 1 & 3 & | & 10 \end{bmatrix}$$

$$\xrightarrow{\text{③}+\text{②}} \begin{bmatrix} 1 & 0 & 5 & | & 9 \\ 0 & -1 & 7 & | & 10 \\ 0 & 0 & 10 & | & 20 \end{bmatrix}$$

$$\xrightarrow[\text{③}\times\frac{1}{10}]{\text{②}\times(-1)} \begin{bmatrix} 1 & 0 & 5 & | & 9 \\ 0 & 1 & -7 & | & -10 \\ 0 & 0 & 1 & | & 2 \end{bmatrix}$$

$$\xrightarrow[\text{②}+\text{③}]{\text{①}-\text{③}\times 5} \begin{bmatrix} 1 & 0 & 0 & | & -1 \\ 0 & 1 & 0 & | & 4 \\ 0 & 0 & 1 & | & 2 \end{bmatrix}$$

よって求める解は $x=-1,\ y=4,\ z=2$.

注意 4.7 基本変形は計算間違いをしやすいので，検算（答案には書かない！）して確かめておくとよい．元の方程式に代入して，

$$3\cdot(-1)+2\cdot 4+2 = -3+8+2 = 7,$$
$$-(-1)-4+2\cdot 2 = 1-4+4 = 1,$$
$$2\cdot(-1)+3\cdot 4-2 = -2+12-2 = 8$$

となり，確かに成り立つことが分かる．

問題 4.5

$$\begin{cases} -x+y-z=-2 \\ 3x+3y+z=2 \\ 4x+2y+3z=5 \end{cases}$$

を掃き出し法で求めよ．

4.4 逆 行 列

復習 行列 A に対し，$AB=BA=E$ となる行列 B が存在するときに A を正則行列とよぶ．また，B を A の逆行列とよび，A^{-1} と書く．

$$A \text{ が正則行列} \iff |A|=0$$

であった．

4.4 逆行列

例 4.6 $A^n = E$ のとき，$A^{-1} = A^{n-1}$ □

例 4.7 $\begin{bmatrix} a & 0 & 0 \\ 0 & b & 0 \\ 0 & 0 & c \end{bmatrix}^{-1} = \begin{bmatrix} \frac{1}{a} & 0 & 0 \\ 0 & \frac{1}{b} & 0 \\ 0 & 0 & \frac{1}{c} \end{bmatrix}$ □

いずれの例も実際に行列の積を計算することで確かめられる．

一般の n 次逆行列を求める公式として余因子を用いたものがあるが，$n-1$ 次正方行列の行列式を計算することになり，面倒である．そこで，普通は次の定理を用いて求める．

定理 4.4 正方行列 A が逆行列を持つならば，行基本変形の繰り返しにより，単位行列に直すことができる．

つまり

定理 4.5 行列 A に対し，行基本変形の繰り返しにより
$$\begin{bmatrix} A & | & E \end{bmatrix} \longrightarrow \begin{bmatrix} E & | & B \end{bmatrix}$$
とできるならば，$A^{-1} = B$ となる．

例 4.8

$\begin{bmatrix} 1 & 2 & 3 & | & 1 & 0 & 0 \\ 0 & 1 & 1 & | & 0 & 1 & 0 \\ 4 & 0 & 1 & | & 0 & 0 & 1 \end{bmatrix} \begin{matrix} \cdots ① \\ \cdots ② \\ \cdots ③ \end{matrix} \xrightarrow{③ - ① \times 4} \begin{bmatrix} 1 & 2 & 3 & | & 1 & 0 & 0 \\ 0 & 1 & 1 & | & 0 & 1 & 0 \\ 0 & -8 & -11 & | & -4 & 0 & 1 \end{bmatrix}$

$\xrightarrow[③ + ② \times 8]{① - ② \times 2} \begin{bmatrix} 1 & 0 & 1 & | & 1 & -2 & 0 \\ 0 & 1 & 1 & | & 0 & 1 & 0 \\ 0 & 0 & -3 & | & -4 & 8 & 1 \end{bmatrix}$

$\xrightarrow{③ \times \left(-\frac{1}{3}\right)} \begin{bmatrix} 1 & 0 & 1 & | & 1 & -2 & 0 \\ 0 & 1 & 1 & | & 0 & 1 & 0 \\ 0 & 0 & 1 & | & \frac{4}{3} & -\frac{8}{3} & -\frac{1}{3} \end{bmatrix}$

$$\xrightarrow[\text{②}-\text{③}]{\text{①}-\text{③}} \begin{bmatrix} 1 & 0 & 0 & -\frac{1}{3} & \frac{2}{3} & \frac{1}{3} \\ 0 & 1 & 0 & -\frac{4}{3} & \frac{11}{3} & \frac{1}{3} \\ 0 & 0 & 1 & \frac{4}{3} & -\frac{8}{3} & -\frac{1}{3} \end{bmatrix}$$

よって

$$\begin{bmatrix} 1 & 2 & 3 \\ 0 & 1 & 1 \\ 4 & 0 & 1 \end{bmatrix}^{-1} = \begin{bmatrix} -\frac{1}{3} & \frac{2}{3} & \frac{1}{3} \\ -\frac{4}{3} & \frac{11}{3} & \frac{1}{3} \\ \frac{4}{3} & -\frac{8}{3} & -\frac{1}{3} \end{bmatrix}$$

例題 4.7　逆行列

$\begin{bmatrix} 1 & 3 & 3 \\ 1 & 3 & 4 \\ 2 & 4 & 3 \end{bmatrix}$ の逆行列を求めよ．

【解答】　与えられた行列の拡大係数行列を行基本変形すると

$$\begin{bmatrix} 1 & 3 & 3 & 1 & 0 & 0 \\ 1 & 3 & 4 & 0 & 1 & 0 \\ 2 & 4 & 3 & 0 & 0 & 1 \end{bmatrix} \begin{matrix} \cdots \text{①} \\ \cdots \text{②} \\ \cdots \text{③} \end{matrix} \xrightarrow[\text{③}-\text{①}\times 2]{\text{②}-\text{①}} \begin{bmatrix} 1 & 3 & 3 & 1 & 0 & 0 \\ 0 & 0 & 1 & -1 & 1 & 0 \\ 0 & -2 & -3 & -2 & 0 & 1 \end{bmatrix}$$

$$\xrightarrow{\text{②}\leftrightarrow\text{③}} \begin{bmatrix} 1 & 3 & 3 & 1 & 0 & 0 \\ 0 & -2 & -3 & -2 & 0 & 1 \\ 0 & 0 & 1 & -1 & 1 & 0 \end{bmatrix}$$

$$\xrightarrow{\text{②}\times\left(-\frac{1}{2}\right)} \begin{bmatrix} 1 & 3 & 3 & 1 & 0 & 0 \\ 0 & 1 & \frac{3}{2} & 1 & 0 & -\frac{1}{2} \\ 0 & 0 & 1 & -1 & 1 & 0 \end{bmatrix}$$

$$\xrightarrow{\text{①}-\text{②}\times 3} \begin{bmatrix} 1 & 0 & -\frac{3}{2} & -2 & 0 & \frac{3}{2} \\ 0 & 1 & \frac{3}{2} & 1 & 0 & -\frac{1}{2} \\ 0 & 0 & 1 & -1 & 1 & 0 \end{bmatrix}$$

$$\xrightarrow[\text{②}-\text{③}\times\frac{3}{2}]{\text{①}+\text{③}\times\frac{3}{2}} \begin{bmatrix} 1 & 0 & 0 & -\frac{7}{2} & \frac{3}{2} & \frac{3}{2} \\ 0 & 1 & 0 & \frac{5}{2} & -\frac{3}{2} & -\frac{1}{2} \\ 0 & 0 & 1 & -1 & 1 & 0 \end{bmatrix}$$

よって求める逆行列は
$$\begin{bmatrix} -\frac{7}{2} & \frac{3}{2} & \frac{3}{2} \\ \frac{5}{2} & -\frac{3}{2} & -\frac{1}{2} \\ -1 & 1 & 0 \end{bmatrix}$$

問題 4.6 $\begin{bmatrix} 2 & 3 & -1 \\ 1 & -2 & 0 \\ 5 & 4 & -3 \end{bmatrix}$ の逆行列を求めよ．

4.5　行列の階数と連立方程式

今までは主に "解が一意に存在する" 連立方程式を，行列の言葉で解く方法を学んできた．これからはより一般の解も求められるようにする．

4.5.1　行列の階数

定義 4.3　階段行列と階数

次の条件を満たす $m \times n$ 行列 A を**階段行列**とよぶ．

(1) ある $r\,(0 \leq r \leq m)$ に対し A の第 1 から第 r 行ベクトルは $\mathbf{0}$ ではなく，残りの行ベクトルは全て $\mathbf{0}$ である．

(2) 各 $k\,(1 \leq k \leq r-1)$ 行に対し，A の第 k 行の左から数えて 0 でない最初の成分は第 $k+1$ 行の 0 でない成分よりも左側にある．

つまり
$$A = \begin{bmatrix} 0 & \cdots & 0 & a_{1j_1} & * & \cdots & \cdots & & \cdots & \cdots & * \\ 0 & \cdots & \cdots & \cdots & \cdots & 0 & a_{2j_2} & * & \cdots & \cdots & * \\ \vdots & & \vdots & & & & & & & & \vdots \\ 0 & \cdots & & \cdots & \cdots & \cdots & 0 & a_{rj_r} & * & \cdots & * \\ 0 & \cdots & & & & & & & & \cdots & 0 \\ \vdots & & & & & & & & & & \vdots \\ 0 & \cdots & & & & & & & & \cdots & 0 \end{bmatrix}$$

このとき，青線の階段の数を**階数（rank）**またはランクとよび，$\operatorname{rank} A$ または $\operatorname{rk} A$ と書く．今の場合は $\operatorname{rank} A = r$ となる．

例 4.9 $\begin{bmatrix} 3 & 2 & 1 & 5 \\ 0 & 1 & 3 & 2 \\ 0 & 0 & 0 & 2 \end{bmatrix}$ の階数は 3. □

例 4.10 $\begin{bmatrix} 4 & 2 & 1 & 2 & 1 \\ 0 & 1 & 0 & 2 & 0 \\ 0 & 0 & 0 & 0 & 0 \end{bmatrix}$ の階数は 2. □

例題 4.8　階段行列の階数

以下で与えられた行列は階段行列か．もし階段行列ならばその階数を求め階段行列でないならば理由を述べよ．

(1) $\begin{bmatrix} 0 & 2 & -1 \\ 4 & 0 & 1 \\ 0 & 0 & 0 \end{bmatrix}$

(2) $\begin{bmatrix} 1 & 0 & 0 & 0 \\ 0 & 1 & 0 & 0 \\ 0 & 0 & 1 & 0 \\ 0 & 0 & 0 & 1 \end{bmatrix}$

(3) $\begin{bmatrix} 1 & 0 & 0 & 0 \\ 0 & 1 & 0 & 0 \\ 0 & 0 & 1 & 0 \\ 0 & 0 & 1 & 0 \end{bmatrix}$

(4) $\begin{bmatrix} 1 & -2 & 3 & 4 & 9 & 1 \\ 0 & 1 & 0 & 2 & 6 & -3 \\ 0 & 0 & 0 & 0 & 2 & 3 \end{bmatrix}$

【解答】

(1) $\begin{bmatrix} 0 & 2 & -1 \\ 4 & 0 & 1 \\ 0 & 0 & 0 \end{bmatrix}$ 2行目の4は1行目の2よりも左側にあるので，これは階段行列ではない．

(2) $\begin{bmatrix} 1 & 0 & 0 & 0 \\ 0 & 1 & 0 & 0 \\ 0 & 0 & 1 & 0 \\ 0 & 0 & 0 & 1 \end{bmatrix}$ 階数は4．

(3) $\begin{bmatrix} 1 & 0 & 0 & 0 \\ 0 & 1 & 0 & 0 \\ 0 & 0 & 1 & 0 \\ 0 & 0 & 1 & 0 \end{bmatrix}$ 3行目と4行目の1が同じ位置にあるので，これは階段行列ではない．

(4) $\begin{bmatrix} 1 & -2 & 3 & 4 & 9 & 1 \\ 0 & 1 & 0 & 2 & 6 & -3 \\ 0 & 0 & 0 & 0 & 2 & 3 \end{bmatrix}$ 階数は3．　□

次の定理は重要であるが証明は複雑なのでここでは行なわない．

> **定理 4.6** すべての行列は行基本変形を有限回行うことにより，階段行列に変形できる．このとき，階数は一意に定まる．

注意 4.8 つまり与えられた行列を基本変形してどのような階段行列になったとしても，それらの階数は等しいということ．

左下に0のかたまりを作るイメージで行基本変形を行うとよい．また，変形しすぎないように注意をすること．例えば，先頭の数字を1にする必要はない．

例 4.11 $\begin{bmatrix} 1 & 1 & 2 & 1 \\ 0 & 1 & -1 & 2 \\ 3 & 1 & -3 & 5 \\ 0 & 1 & 1 & 1 \end{bmatrix}$ を行基本変形すると

$$\begin{bmatrix} 1 & 1 & 2 & 1 \\ 0 & 1 & -1 & 2 \\ 3 & 1 & -3 & 5 \\ 0 & 1 & 1 & 1 \end{bmatrix} \begin{matrix} \cdots ① \\ \cdots ② \\ \cdots ③ \\ \cdots ③ \end{matrix} \xrightarrow{\substack{③-①\times 3 \\ ④-②}} \begin{bmatrix} 1 & 1 & 2 & 1 \\ 0 & 1 & -1 & 2 \\ 0 & -2 & -9 & 2 \\ 0 & 0 & 2 & -1 \end{bmatrix}$$

$$\xrightarrow{③+②\times 2} \begin{bmatrix} 1 & 1 & 2 & 1 \\ 0 & 1 & -1 & 2 \\ 0 & 0 & -11 & 6 \\ 0 & 0 & 2 & -1 \end{bmatrix}$$

$$\xrightarrow{④+③\times \frac{2}{11}} \begin{bmatrix} 1 & 1 & 2 & 1 \\ 0 & 1 & -1 & 2 \\ 0 & 0 & -7 & -2 \\ 0 & 0 & 0 & -\frac{1}{11} \end{bmatrix}$$

よって求める階数は 4. □

また，階数には次の性質がある．

> **定理 4.7** (1) $m\times n$ 行列 A に対し，$0 \leq \mathrm{rank}\, A \leq \min(m, n)$
> (2) $\mathrm{rank}\,(A+B) \leq \mathrm{rank}\, A + \mathrm{rank}\, B$
> (3) $\mathrm{rank}\,(AB) \leq \min(\mathrm{rank}\, A,\ \mathrm{rank}\, B)$
> (4) $\mathrm{rank}\,{}^tA = \mathrm{rank}\, A$

(4) の性質から，階数を求めるためには列基本変形を行なってもよいことがわかる．

さらに正方行列に対しては以下の定理も成り立つ．

> **定理 4.8** n 次正方行列 A に対し，以下は同値である．
> (1) A は正則
> (2) $|A| \neq 0$
> (3) $\mathrm{rank}\, A = n$

例題 4.9　行列の階数

$A = \begin{bmatrix} 1 & 2 & 3 & 2 & 3 \\ 2 & 3 & 2 & 4 & 6 \\ 3 & 8 & 2 & 6 & 13 \\ 4 & 7 & 23 & 8 & 8 \end{bmatrix}$ の階数を求めよ．

【解答】

$\begin{bmatrix} 1 & 2 & 3 & 2 & 3 \\ 2 & 3 & 2 & 4 & 6 \\ 3 & 8 & 2 & 6 & 13 \\ 4 & 7 & 23 & 8 & 8 \end{bmatrix} \begin{array}{l} \cdots ① \\ \cdots ② \\ \cdots ③ \\ \cdots ④ \end{array} \xrightarrow[③ - ① \times 3]{② - ① \times 2} \begin{bmatrix} 1 & 2 & 3 & 2 & 3 \\ 0 & -1 & -4 & 0 & 0 \\ 0 & 2 & -7 & 0 & 4 \\ 4 & 7 & 23 & 8 & 8 \end{bmatrix}$

$\xrightarrow[③ + ② \times 2]{④ - ① \times 4} \begin{bmatrix} 1 & 2 & 3 & 2 & 3 \\ 0 & -1 & -4 & 0 & 0 \\ 0 & 0 & -15 & 0 & 4 \\ 0 & -1 & 11 & 0 & -4 \end{bmatrix}$

$\xrightarrow{④ - ②} \begin{bmatrix} 1 & 2 & 3 & -2 & 3 \\ 0 & -1 & -4 & 0 & 0 \\ 0 & 0 & -15 & 0 & 4 \\ 0 & 0 & 15 & 0 & -4 \end{bmatrix}$

$\xrightarrow{④ + ③} \begin{bmatrix} 1 & 2 & 3 & -2 & 3 \\ 0 & -1 & -4 & 0 & 0 \\ 0 & 0 & -15 & 0 & 4 \\ 0 & 0 & 0 & 0 & 0 \end{bmatrix}$

よって $\operatorname{rank} A = 3$. □

問題 4.7　$A = \begin{bmatrix} 3 & 1 & 1 & 0 \\ 2 & 9 & -2 & 3 \\ 0 & 0 & 1 & 2 \\ 3 & 10 & -3 & 1 \\ -2 & -9 & 4 & 1 \end{bmatrix}$ の階数を求めよ．

4.5.2　一般の連立方程式の解き方

前節で学んだ階数は一般の連立方程式の解を行基本変形によって求めるときに重要な役割を果たす．まず最初に簡単な連立方程式の解の種類について考えてみる．

例えば，
$$\begin{cases} x + y = 1 \\ 2x + y = 2 \end{cases}$$
の解は $x = 1$, $y = 0$ ただ 1 組である．また，
$$\begin{cases} x + y = 1 \\ 2x + 2y = 2 \end{cases}$$
も一見すると連立方程式のように見えるが，実際には $x + y = 1$ という 1 つの式にまとめられる．この場合 $x = t$ (t : 任意の実数) とパラメータ表示をすることで，$y = 1 - t$ という解が定まる．

上の解をベクトル表示すると
$$\begin{bmatrix} x \\ y \end{bmatrix} = \begin{bmatrix} t \\ 1 - t \end{bmatrix} = \begin{bmatrix} 0 \\ 1 \end{bmatrix} + t \begin{bmatrix} 1 \\ -1 \end{bmatrix}.$$
と書ける．

ここで $t = 1, 2, \ldots$ などと代入していけば，解は t の値にしたがって $(x, y) = (1, 0), (2, 1), \ldots$ と無数に多く作ることができる．このように 1 つのパラメータ変数 t により解が定まることを**解の自由度**が 1 であるとよぶ．一般に

> **定義 4.4**　連立方程式の解において，任意の値を取り得るパラメータ変数の個数が d のとき，**解の自由度**は d であるという．

この他にも，$\begin{cases} x + y = 1 \\ x + y = 2 \end{cases}$ のように明らかに解を持たない場合もある．

これらに幾何学的な解釈を加えると次のようになる．

4.5 行列の階数と連立方程式

$$\begin{cases} x+y=1 \\ 2x+y=2 \end{cases} \Leftrightarrow \begin{bmatrix} x \\ y \end{bmatrix} = \begin{bmatrix} 1 \\ 0 \end{bmatrix} \Leftrightarrow 解の自由度 0 \Leftrightarrow 二直線が一点で交わる$$

$$\begin{cases} x+y=1 \\ 2x+2y=2 \end{cases} \Leftrightarrow \begin{bmatrix} x \\ y \end{bmatrix} = \begin{bmatrix} 0 \\ 1 \end{bmatrix} + t \begin{bmatrix} 1 \\ -1 \end{bmatrix} \Leftrightarrow 解の自由度 1 \Leftrightarrow 二直線が一致$$

$$\begin{cases} x+y=1 \\ x+y=2 \end{cases} \Leftrightarrow 解なし \Leftrightarrow 二直線が交わらない（平行）$$

解の自由度と階数の間には次のような関係がある．

定理 4.9 n 個の変数 $x_1, x_2, \ldots, x_n$ に対する方程式

$$\begin{cases} a_{11}x_1 + a_{12}x_2 + \cdots + a_{1n}x_n = b_1 \\ a_{21}x_1 + a_{22}x_2 + \cdots + a_{2n}x_n = b_2 \\ \quad \vdots \\ a_{m1}x_1 + a_{m2}x_2 + \cdots + a_{mn}x_n = b_n \end{cases} \cdots (*)$$

の解の自由度を d，連立方程式の係数行列の階数 r とする．このとき，

$$d + r = n$$

が成り立つ．

上の定理を用いて連立方程式の解は次のように場合わけできる．

定理 4.10 連立方程式 $(*)$ の係数行列を A，拡大係数行列を B とする．このとき，
 (1) $\operatorname{rank} A = \operatorname{rank} B = n \ \Leftrightarrow\ $ 式 $(*)$ の解はただ 1 組
 (2) $\operatorname{rank} A = \operatorname{rank} B < n$
   $\Leftrightarrow\ $ 式 $(*)$ は無数の解を持ち，解の自由度は $n - \operatorname{rank} A$
 (3) $\operatorname{rank} A \neq \operatorname{rank} B \ \Leftrightarrow\ $ 式 $(*)$ は解を持たない

例 4.12
$$\begin{cases} 3x - y + 2z = 5 \\ x - 2y + 3z = 3 \\ x + 3y - 4z = 2 \end{cases}$$

の拡大係数行列を行基本変形すると

$$\begin{bmatrix} 3 & -1 & 2 & | & 5 \\ 1 & -2 & 3 & | & 3 \\ 1 & 3 & -4 & | & 2 \end{bmatrix} \begin{matrix} \cdots ① \\ \cdots ② \\ \cdots ③ \end{matrix} \xrightarrow[③ - ②]{① - ② \times 3} \begin{bmatrix} 0 & 5 & -7 & | & -4 \\ 1 & -2 & 3 & | & 3 \\ 0 & 5 & -7 & | & -1 \end{bmatrix}$$

$$\xrightarrow{③ - ①} \begin{bmatrix} 0 & 5 & -7 & | & -4 \\ 1 & -2 & 3 & | & 3 \\ 0 & 0 & 0 & | & 3 \end{bmatrix}$$

$$\xrightarrow{① \leftrightarrow ②} \begin{bmatrix} 1 & -2 & 3 & | & 3 \\ 0 & 5 & -7 & | & -4 \\ 0 & 0 & 0 & | & 3 \end{bmatrix}$$

よって，係数行列の階数は 2，拡大係数行列の階数は 3 で値が異なるので，与えられた連立方程式の解はない． □

注意 4.9 最後の行は $0x + 0y + 0z$ が 0 ではなく，3 になることを意味している．

例題 4.10　連立方程式の解

$$\begin{cases} x + 2y + 2z = 3 \\ 2x + 3y + 5z = 6 \\ 4x + 7y + 9z = 12 \end{cases}$$ の解を求めよ．

【解答】 拡大係数行列を行基本変形すると，

$$\begin{bmatrix} 1 & 2 & 2 & | & 3 \\ 2 & 3 & 5 & | & 6 \\ 4 & 7 & 9 & | & 12 \end{bmatrix} \begin{matrix} \cdots ① \\ \cdots ② \\ \cdots ③ \end{matrix} \xrightarrow[③ - ① \times 4]{② - ① \times 2} \begin{bmatrix} 1 & 2 & 2 & | & 3 \\ 0 & -1 & 1 & | & 0 \\ 0 & -1 & 1 & | & 0 \end{bmatrix}$$

$$\xrightarrow{③ - ②} \begin{bmatrix} 1 & 2 & 2 & | & 3 \\ 0 & -1 & 1 & | & 0 \\ 0 & 0 & 0 & | & 0 \end{bmatrix}$$

4.5 行列の階数と連立方程式

$$\xrightarrow{\text{②} \times (-1)} \begin{bmatrix} 1 & 2 & 2 & | & 3 \\ 0 & 1 & -1 & | & 0 \\ 0 & 0 & 0 & | & 0 \end{bmatrix}$$

つまり，与えられた連立方程式の解は連立方程式

$$\begin{cases} x + 2y + 2z = 3 \\ y - z = 0 \end{cases}$$

の解に等しくなる．

今，係数行列と拡大係数行列の階数は共に 2 で等しく，解の自由度は $3 - 2 = 1$. よって，（例えば）$z = t$ (t : 任意の実数) とおくと，

$$y = t,$$
$$x = 3 - 2y - 2z = 3 - 4t$$

となるので，求める解は

$$\begin{bmatrix} x \\ y \\ z \end{bmatrix} = \begin{bmatrix} 3 - 4t \\ t \\ t \end{bmatrix} = \begin{bmatrix} 3 \\ 0 \\ 0 \end{bmatrix} + t \begin{bmatrix} -4 \\ 1 \\ 1 \end{bmatrix}$$

である． □

注意 4.10 階段行列の先頭の数が 1 になるようにし，パラメータを下から置くと解が楽に求められる．

問題 4.8 $\begin{cases} x + 5y - 3z - 6u = -15 \\ 2x + 4y + 6z - 6u = -12 \\ x + 2y + 3z - 3u = -6 \end{cases}$ の解を求めよ．

第4章 演習問題

演習 4.1 $\begin{vmatrix} 1+x & 1 & 1 & 1 \\ 1 & 1+x & 1 & 1 \\ 1 & 1 & 1+x & 1 \\ 1 & 1 & 1 & 1+x \end{vmatrix}$ を求めよ．

演習 4.2 正方行列 $A\,(\neq O)$ が $A^3 = O$ を満たすとき，$E - A$ の逆行列を求めよ．

演習 4.3 $\begin{bmatrix} 1 & 0 & 1 & -1 \\ 1 & -1 & 3 & 0 \\ -1 & 1 & 2 & 3 \\ 0 & 1 & -1 & -1 \end{bmatrix}$ の逆行列を求めよ．

演習 4.4 $a,\,b,\,c,\,d$ を相異なる実数とする．このとき，方程式
$$\begin{cases} x + y + z = 1 \\ ax + by + cz = d \\ a^2 x + b^2 y + c^2 z = d^2 \end{cases}$$
の解を求めよ．

演習 4.5 $\begin{cases} x - ay - 2z = 3 \\ ax + 2y + z = 3 \\ 4x - ay - 3z = 2 \end{cases}$ が

(1) ただ 1 組の解をもつ
(2) 解を持たない
(3) 無数の解をもつ

ときの実数 a の条件を求めよ．

第5章 ベクトル空間

　今までに学んだベクトルの概念をさらに一般化し，ある「公理」を満たすものすべてがベクトルであると考える．つまり，（行，列）ベクトル以外にも「ベクトル」とよばれるものが存在するのである．

　この章で扱う対象は，線形代数の「線形」という部分に関わる重要なテーマであり，かつ最も難しい部分である．一方でベクトル解析，線形計画法など多くの応用もある．ここでは証明の方法をしっかりと学ぼう．

■ 5.1 ベクトル空間と部分ベクトル空間

5.1.1　集合の記号：予備知識として

> **定義 5.1**　ある条件を満たすもの全体の集まりを**集合**（set）とよぶ．S を集合とするとき，S を構成する一つ一つのものを S の**元**（element）または要素といい，x が S の元であることを $x \in S$ と書く．

> **定義 5.2**　元を1つも含まない集合を**空集合**とよび，$\emptyset$ で表す．

集合を表すのに A, B, S などという文字を用いるが特別な記号として以下を使う．

> **特別な記号**
> (1)　$\mathbb{N}$：自然数全体の集合．
> (2)　$\mathbb{Z}$：整数の全体の集合．
> (3)　$\mathbb{Q}$：有理数全体の集合．
> (4)　$\mathbb{R}$：実数全体の集合．

集合の元を表示する場合には各元を書き並べ，{ } で囲んだもので表す．
例えば

例 5.1 (1) 6 の約数全体の集合は $\{1, 2, 3, 6\}$
(2) 正の奇数 $1, 3, 5, \cdots$ 全体からなる集合は $\{1, 3, 5, \cdots\}$

また，集合の元が満たす条件を用いて次のようにも表すことができる．
条件 $P(x)$ が成り立つようなすべての x からなる集合を

$$\{\, x \mid P(x) \,\}$$

と書く．
例 5.1 は次のようになる．

例 5.2 (1) $\{\, x \mid x \text{ は } 6 \text{ の約数} \,\}$
(2) $\{\, x \mid x = 2n - 1,\ n \in \mathbb{Z} \,\}$

定義 5.3 A, B を集合とする．このとき，すべての x について，

$$x \in B \implies x \in A$$

が成り立つとき，B は A の部分集合とよび，$B \subset A$ と書く．また，上の "B のすべての元 x（について〜が成り立つ）" を記号

$$B \ni \forall x\ (,\ \sim)$$

と書き，B 内の任意の（元）x とよぶ．

定義より $S \subset S$ および $\emptyset \subset S$ が成り立つことに注意すること．

例 5.3 $\{1, 2, 3, 4, 5\} \supset \{1\}$

注意 5.1 $\{1, 2, 3, 4, 5\} \ni 1$ との違いに注意しよう．この 1 は元だが，例 5.3 の $\{1\}$ は部分集合として考えている（$\{1, 2, 3, 4, 5\} \supset 1$ と書いてはいけない！）．

5.1.2 ベクトル空間

定義 5.4 集合 V が次の和の公理,およびスカラー倍(この本では実数倍)の公理を満たすとき,V は $\mathbb{R}$ 上の**ベクトル空間**または**線形空間**であるという.

$V \ni \forall \boldsymbol{a}, \forall \boldsymbol{b}, \forall \boldsymbol{c}, \mathbb{R} \ni \forall k, \forall l$ とする.

和の公理

(1) $\boldsymbol{a} + \boldsymbol{b} \in V$ となる演算 "+" が定義されている.
 (つまり "和について閉じている")
(2) $\boldsymbol{a} + \boldsymbol{b} = \boldsymbol{b} + \boldsymbol{a}$ (交換法則)
(3) $(\boldsymbol{a} + \boldsymbol{b}) + \boldsymbol{c} = \boldsymbol{a} + (\boldsymbol{b} + \boldsymbol{c})$ (結合法則)
(4) $\boldsymbol{0} \in V$ となる $\boldsymbol{0}$ が存在して
 $\boldsymbol{0} + \boldsymbol{a} = \boldsymbol{a} + \boldsymbol{0} = \boldsymbol{a}$ (零元の存在)
(5) 各 $\boldsymbol{a}$ に対し,$-\boldsymbol{a} \in V$ が存在して
 $(-\boldsymbol{a}) + \boldsymbol{a} = \boldsymbol{a} + (-\boldsymbol{a}) = \boldsymbol{0}$ (逆元の存在)

スカラー倍の公理

(6) $k\boldsymbol{a} \in V$ となる演算,スカラー倍が定義されている.
 (つまり "スカラー倍について閉じている")
(7) $k(\boldsymbol{a} + \boldsymbol{b}) = k\boldsymbol{a} + k\boldsymbol{b}$ (分配法則)
(8) $(k + l)\boldsymbol{a} = k\boldsymbol{a} + l\boldsymbol{a}$ (分配法則)
(9) $(kl)\boldsymbol{a} = k(l\boldsymbol{a})$ (結合法則)
(10) $1\boldsymbol{a} = \boldsymbol{a}$ となる元 1 が存在する.(単位元の存在)

注意 5.2 (1) と (6) の性質をあわせて(ベクトルの)**線形性**とよぶ.

定理 5.1
(1) $-\boldsymbol{a} = (-1)\boldsymbol{a}$
(2) $-(k\boldsymbol{a}) = k(-\boldsymbol{a}) = (-k)\boldsymbol{a}$
(3) $0\boldsymbol{a} = \boldsymbol{0}$

(4) $k\mathbf{0} = \mathbf{0}$

(5) $k\mathbf{x} = \mathbf{0} \iff k = 0$ または $\mathbf{x} = \mathbf{0}$

例 5.4 n 次元ベクトル全体の集合 $\mathbb{R}^n$ はベクトル空間である． □

例 5.5 n 次正方行列全体の集合 M_n はベクトル空間である． □

例 5.6 連続な関数の集合はベクトル空間である． □

例題 5.1　ベクトル空間の零元
ベクトル空間の零元は，ただ 1 つ存在することを示せ．

【解答】 $\mathbf{0}, \mathbf{0}'$ がそれぞれ (4) を満たしていたとすると，

$$\mathbf{0} + \mathbf{0}' = \mathbf{0} \text{ かつ } \mathbf{0}' + \mathbf{0} = \mathbf{0}'$$

が成り立つ．一方，(2) より

$$\mathbf{0} + \mathbf{0}' = \mathbf{0}' + \mathbf{0}$$

なので $\mathbf{0} = \mathbf{0}'$ となり，ベクトル空間の零元はただ 1 つであることが示せた． □

問題 5.1 ベクトル空間の逆元は，ただ 1 つ存在することを示せ．

5.1.3 部分ベクトル空間

定義 5.5 ベクトル空間 V の部分集合 W が，V の 2 つの演算（和およびスカラー倍）について閉じているときに W を V の部分ベクトル空間とよぶ．具体的には次が成り立つ．
(1) $\forall \mathbf{x}, \forall \mathbf{y} \in W$ に対し，$\mathbf{x} + \mathbf{y} \in W$．
(2) $\forall k \in \mathbb{R}, \forall \mathbf{x} \in W$ に対し，$k\mathbf{x} \in W$．

注意 5.3 (1), (2) は 2 つの実数 k, l に対して $k\mathbf{x} + l\mathbf{y} \in W$ を示すのと同値である．例えば (2) より $k\mathbf{x} \in W$, $l\mathbf{y} \in W$ となるので (1) から $k\mathbf{x} + l\mathbf{y} \in W$．逆は $k = l = 1$ や $l = 0$ とおけばよい．

5.1 ベクトル空間と部分ベクトル空間

例 5.7 ベクトル空間 V に対し，$\{\mathbf{0}\}$, V は V の部分ベクトル空間である．
□

> **例題 5.2　部分ベクトル空間**
> 次の集合が部分ベクトル（線形）空間かどうか判定せよ．
>
> (1) $V = \left\{ \begin{bmatrix} x \\ y \\ z \end{bmatrix} \middle| x = 0,\ y,\ z \in \mathbb{R} \right\} \subset \mathbb{R}^3$
>
> (2) $W = \left\{ \begin{bmatrix} x \\ y \\ z \end{bmatrix} \middle| x + y + z = 1,\ x,\ y,\ z \in \mathbb{R} \right\} \subset \mathbb{R}^3$

【解答】　(1)　V が $\mathbb{R}^3$ の部分ベクトル空間であることを示す．

$V \ni \forall \begin{bmatrix} 0 \\ y \\ z \end{bmatrix},\ \forall \begin{bmatrix} 0 \\ y' \\ z' \end{bmatrix}$ とする．

$$\begin{bmatrix} 0 \\ y \\ z \end{bmatrix} + \begin{bmatrix} 0 \\ y' \\ z' \end{bmatrix} = \begin{bmatrix} 0 \\ y+y' \\ z+z' \end{bmatrix} \quad (V \text{ の元の形になっていることを調べた})$$

かつ，$y,\ z,\ y',\ z' \in \mathbb{R}$ より $y+y',\ z+z' \in \mathbb{R}$（$V$ の元が満たす条件を調べた）．

よって $\begin{bmatrix} 0 \\ y \\ z \end{bmatrix} + \begin{bmatrix} 0 \\ y' \\ z' \end{bmatrix} \in V$．（$\in \mathbb{R}^3$ では証明になっていない!!）

次に $\forall k \in \mathbb{R}$ とする．

$$k \begin{bmatrix} 0 \\ y \\ z \end{bmatrix} = \begin{bmatrix} 0 \\ ky \\ kz \end{bmatrix}. \quad y,\ z \in \mathbb{R} \text{ より } ky,\ kz \in \mathbb{R}. \text{ よって } k \begin{bmatrix} 0 \\ y \\ z \end{bmatrix} \in V.$$

以上により V が $\mathbb{R}^3$ の部分ベクトル空間であることが示された．

(2)　$\forall k \in \mathbb{R},\ k \neq 1$ とする．$W \ni \forall \begin{bmatrix} x \\ y \\ z \end{bmatrix}$ に対し $k \begin{bmatrix} x \\ y \\ z \end{bmatrix} = \begin{bmatrix} kx \\ ky \\ kz \end{bmatrix}$．ところが

$$kx + ky + kz = k(x+y+z) = k \cdot 1 = k \neq 1.$$

W に入るための条件を満たしていないので $k\begin{bmatrix} x \\ y \\ z \end{bmatrix} \notin W$.

よって W は $\mathbb{R}^3$ の部分ベクトル空間ではない.

注意 5.4 この他，加法でも W に含まれないことで示せる．
また，上の k の代わりに具体的な実数（2 など）で反例を作ってもよい．

問題 5.2 $W = \left\{ \begin{bmatrix} a & b \\ c & d \end{bmatrix} \middle| b, c, d \in \mathbb{R}, a = 0 \right\} \subset M_2$ が部分ベクトル空間かどうか判定せよ．

5.2　1次独立と1次従属

5.2.1　1 次 結 合

定義 5.6 いくつかのベクトルが与えられたとき，それらのベクトルの実数倍の和として表されるベクトルを，与えられたベクトルの**1次結合**とよぶ．

例 5.8　(1)　$\boldsymbol{a}$ の 1 次結合は $k\boldsymbol{a}$.
(2)　$\boldsymbol{a}, \boldsymbol{b}$ の 1 次結合は $k\boldsymbol{a} + l\boldsymbol{b}$.
(3)　$\boldsymbol{a}, \boldsymbol{b}, \boldsymbol{c}$ の 1 次結合は $k\boldsymbol{a} + l\boldsymbol{b} + m\boldsymbol{c}$ $(k, l, m \in \mathbb{R})$ と書ける．

例 5.9 $\boldsymbol{e}_1 = \begin{bmatrix} 1 \\ 0 \\ 0 \end{bmatrix}, \boldsymbol{e}_2 = \begin{bmatrix} 0 \\ 1 \\ 0 \end{bmatrix}, \boldsymbol{e}_3 = \begin{bmatrix} 0 \\ 0 \\ 1 \end{bmatrix}$ に対し $\begin{bmatrix} x \\ y \\ z \end{bmatrix} = x\boldsymbol{e}_1 + y\boldsymbol{e}_2 + z\boldsymbol{e}_3$.

つまり，3 次元空間 $\mathbb{R}^3$ 内の任意のベクトルは $\boldsymbol{e}_1, \boldsymbol{e}_2, \boldsymbol{e}_3$ の 1 次結合で表される．

例 5.10 $\boldsymbol{a} = \begin{bmatrix} 1 \\ 1 \\ 1 \end{bmatrix}, \boldsymbol{b} = \begin{bmatrix} 1 \\ 2 \\ 3 \end{bmatrix}, \boldsymbol{c} = \begin{bmatrix} 0 \\ 1 \\ 2 \end{bmatrix}$ のとき，

$$\begin{bmatrix} 4 \\ 4 \\ 4 \end{bmatrix} = 4\boldsymbol{a} + 0\boldsymbol{b} + 0\boldsymbol{c} = 5\boldsymbol{a} - \boldsymbol{b} + \boldsymbol{c}$$

のように $\boldsymbol{a},\ \boldsymbol{b},\ \boldsymbol{c}$ のいろいろな 1 次結合で表すことができる． □

例題 5.3　ベクトルの 1 次結合

(1) $\begin{bmatrix} x \\ y \end{bmatrix}$ を $\begin{bmatrix} 2 \\ 0 \end{bmatrix}$ と $\begin{bmatrix} 1 \\ 1 \end{bmatrix}$ の 1 次結合で表せ．

(2) $\begin{bmatrix} 2 \\ 3 \end{bmatrix}$ を $\begin{bmatrix} 2 \\ 0 \end{bmatrix}$ と $\begin{bmatrix} 1 \\ 1 \end{bmatrix}$ の 1 次結合で表せ．

【解答】 (1) $\begin{bmatrix} x \\ y \end{bmatrix} = s \begin{bmatrix} 2 \\ 0 \end{bmatrix} + t \begin{bmatrix} 1 \\ 1 \end{bmatrix}$ ($s,\ t$ は実数) とおく．

$$\begin{bmatrix} x \\ y \end{bmatrix} = \begin{bmatrix} 2s+t \\ t \end{bmatrix} \quad \text{より} \quad \begin{cases} x = 2s+t \\ y = t \end{cases}.$$

この連立方程式を解いて $s = \dfrac{x-y}{2},\ t = y$ を得る．最初の式に代入して

$$\begin{bmatrix} x \\ y \end{bmatrix} = \frac{x-y}{2} \begin{bmatrix} 2 \\ 0 \end{bmatrix} + y \begin{bmatrix} 1 \\ 1 \end{bmatrix}$$

が求める 1 次結合．

(2) (1) の解に $x = 2,\ y = 3$ を代入すればただちに

$$\begin{bmatrix} 2 \\ 3 \end{bmatrix} = -\frac{1}{2} \begin{bmatrix} 2 \\ 0 \end{bmatrix} + 3 \begin{bmatrix} 1 \\ 1 \end{bmatrix}$$

が得られる（もちろん，(1) のようにして解いてもよい）． □

問題 5.3 (1) $\begin{bmatrix} 0 \\ 0 \\ 0 \end{bmatrix}$ を $\begin{bmatrix} 1 \\ 0 \\ 3 \end{bmatrix},\ \begin{bmatrix} 0 \\ 1 \\ 0 \end{bmatrix},\ \begin{bmatrix} 2 \\ 0 \\ -1 \end{bmatrix}$ の 1 次結合で表せ．

(2) $\begin{bmatrix} 0 \\ 0 \\ 0 \end{bmatrix}$ を $\begin{bmatrix} 1 \\ 2 \\ 1 \end{bmatrix},\ \begin{bmatrix} 3 \\ 0 \\ 1 \end{bmatrix},\ \begin{bmatrix} 2 \\ 1 \\ 1 \end{bmatrix}$ の 1 次結合で表せ．

5.2.2 1次独立と1次従属

定義 5.7 $\mathbb{R}^n$ 内のベクトル $x_1, x_2, \ldots, x_r$ に対し,少なくとも1つは0ではない実数の組 $k_1, k_2, \ldots, k_r$ が存在して $k_1 x_1 + k_2 x_2 + \cdots + k_r x_r = \mathbf{0}$ が成り立つとき, $x_1, x_2, \ldots, x_r$ は **1次従属** (linearly dependent) とよぶ.また,1次従属でないときに **1次独立** (linearly independent) とよぶ.

つまり,ベクトル $x_1, x_2, \ldots, x_r$ が1次独立とは,

$$k_1 x_1 + k_2 x_2 + \cdots + k_r x_r = \mathbf{0} \implies k_1 = k_2 = \cdots = k_n = 0$$

が成り立つということ.

例 5.11 $\mathbb{R}^n$ の相異なる基本ベクトル $e_1, e_2, \ldots, e_r \; (r \leq n)$ は1次独立. □

例 5.12 $x_1, x_2, \ldots, x_r$ の中に同じものがあればこれらは1次従属.例えば $x_1 = x_2$ ならば $x_1 - x_2 + 0 x_3 + \cdots + 0 x_r = \mathbf{0}$ が成立してしまう. □

定理 5.2
(1) $x_1, x_2, \ldots, x_r$ が1次従属ならばさらに任意のベクトルを加えた $x_1, x_2, \ldots, x_r, x_{r+1}$ も1次従属.
(2) $x_1, x_2, \ldots, x_r$ が1次独立ならばあるベクトルを除いた $x_1, x_2, \ldots, x_{r-1}$ も1次独立.

次の2つの定理は1次独立の判定にしばしば使われる性質である.

定理 5.3 $x_1, x_2, \ldots, x_r$ を並べてできる行列を A とする.
(1) $\mathrm{rank}\, A < r \iff x_1, x_2, \ldots, x_r$ は1次従属.
(2) $\mathrm{rank}\, A = r \iff x_1, x_2, \ldots, x_r$ は1次独立.
特に $\mathrm{rank}\, A$ は行列 A の列ベクトルの中で1次独立なものの最大の個数に等しい.

特に A が正方行列の場合には次の定理が成り立つ.

5.2　1次独立と1次従属

定理 5.4　n 次正方行列 A に対し，以下は同値．
(1) $\det A \neq 0$
(2) $\operatorname{rank} A = n$
(3) A は逆行列をもつ
(4) A の行ベクトル全体は 1 次独立
(5) A の列ベクトル全体は 1 次独立

次の定理は一般の n 次元でも成り立つ．証明は定理 5.4 (2) とクラメールの公式（定理 4.3）による．

定理 5.5　$\mathbb{R}^3$ 内の 1 次独立なベクトル $\boldsymbol{a}, \boldsymbol{b}, \boldsymbol{c}$ が与えられたとき，任意のベクトル $\boldsymbol{p} \in \mathbb{R}^3$ は $\boldsymbol{a}, \boldsymbol{b}, \boldsymbol{c}$ の 1 次結合として表され，しかもその表し方は 1 通りである．

例題 5.4　ベクトルの 1 次独立

次のベクトルの組が 1 次独立かどうか，理由とともに判定せよ．

(1) $\left\{ \begin{bmatrix} 1 \\ 0 \\ 0 \end{bmatrix}, \begin{bmatrix} 2 \\ 2 \\ -1 \end{bmatrix}, \begin{bmatrix} -1 \\ 1 \\ 3 \end{bmatrix}, \begin{bmatrix} 2 \\ 4 \\ 1 \end{bmatrix} \right\}$

(2) $\left\{ \begin{bmatrix} 1 \\ 0 \\ 0 \end{bmatrix}, \begin{bmatrix} -1 \\ 1 \\ 3 \end{bmatrix}, \begin{bmatrix} 2 \\ 4 \\ 1 \end{bmatrix} \right\}$

(3) $\left\{ \begin{bmatrix} 1 \\ 0 \\ 0 \\ 1 \end{bmatrix}, \begin{bmatrix} -1 \\ 1 \\ 3 \\ 2 \end{bmatrix}, \begin{bmatrix} 2 \\ 4 \\ 1 \\ -3 \end{bmatrix} \right\}$

【解答】　いろいろな解き方がある．
(1) 定理 5.3 より，3 次元ベクトルが 4 つあるので 1 次従属である．
(2) 3 次元ベクトルが 3 つあり，正方行列を作れるので，定理 5.4 (1) より

$$\begin{vmatrix} 1 & -1 & 2 \\ 0 & 1 & 4 \\ 0 & 3 & 1 \end{vmatrix} = 1 - 12 = -11 \neq 0$$

よって，与えられたベクトルの組は 1 次独立．

(3) 定義 5.7 に基づいて示してみる．

実数 x, y, z に対し

$$x \begin{bmatrix} 1 \\ 0 \\ 0 \\ 1 \end{bmatrix} + y \begin{bmatrix} -1 \\ 1 \\ 3 \\ 2 \end{bmatrix} + z \begin{bmatrix} 2 \\ 4 \\ 1 \\ -3 \end{bmatrix} = \begin{bmatrix} 0 \\ 0 \\ 0 \\ 0 \end{bmatrix}$$

であったとする．このとき，両辺の各成分を比較し，連立方程式

$$\begin{cases} x - y + 2z = 0 \\ y + 4z = 0 \\ 3y + z = 0 \\ x + 2y - 3z = 0 \end{cases}$$

を得る．第 2, 3 式より $y = 0$, $z = 0$．これより $x = 0$．

よって，与えられたベクトルの組は 1 次独立． □

注意 5.5 (1), (2), (3) の結果は，行列の階数が共に 3 であることからも示せる．

5.3 基底と次元

定義 5.8 ベクトル空間 V 内のベクトル $\boldsymbol{x}_1$, $\boldsymbol{x}_2$, …, $\boldsymbol{x}_n$ の 1 次結合として V 内の全てのベクトルが書けるとき，$\boldsymbol{x}_1$, $\boldsymbol{x}_2$, …, $\boldsymbol{x}_n$ はベクトル空間 V を張るといい，$V = \langle \boldsymbol{x}_1, \boldsymbol{x}_2, \ldots, \boldsymbol{x}_n \rangle$ と書く．

つまり，V は $\boldsymbol{x}_1$, $\boldsymbol{x}_2$, …, $\boldsymbol{x}_n$ の 1 次結合で書き表されるベクトル全体の集合である．

例 5.13 $\mathbb{R}^3$ 上の任意のベクトル $\begin{bmatrix} x \\ y \\ z \end{bmatrix}$ は $\begin{bmatrix} x \\ y \\ z \end{bmatrix} = x \begin{bmatrix} 1 \\ 0 \\ 0 \end{bmatrix} + y \begin{bmatrix} 0 \\ 1 \\ 0 \end{bmatrix} + z \begin{bmatrix} 0 \\ 0 \\ 1 \end{bmatrix}$

となるので，

5.3 基底と次元

$$\mathbb{R}^3 = \left\langle \begin{bmatrix} 1 \\ 0 \\ 0 \end{bmatrix}, \begin{bmatrix} 0 \\ 1 \\ 0 \end{bmatrix}, \begin{bmatrix} 0 \\ 0 \\ 1 \end{bmatrix} \right\rangle.$$

□

例 5.14
$$\left\langle \begin{bmatrix} 1 \\ 0 \\ 0 \end{bmatrix}, \begin{bmatrix} 2 \\ 0 \\ 0 \end{bmatrix}, \begin{bmatrix} -3 \\ 0 \\ 0 \end{bmatrix} \right\rangle = \left\langle \begin{bmatrix} 1 \\ 0 \\ 0 \end{bmatrix} \right\rangle$$

□

定義 5.9 ベクトル空間 V 内のベクトル $x_1, x_2, \ldots, x_r$ が条件
(1) $x_1, x_2, \ldots, x_r$ は 1 次独立
(2) $V = \langle x_1, x_2, \ldots, x_r \rangle$
を満たすとき, $\{x_1, x_2, \ldots, x_r\}$ は V の**基底** (**basis**) であるという.

定義 5.10 ベクトル空間 V が n 個のベクトルからなる基底を持つとき, V の**次元** (**dimension**) は n であるといい, $\dim V = n$ と書く. n が無限の場合には無限次元という. ただし, $\dim\{\mathbf{0}\} = 0$ とする.

例 5.15 $\dim \mathbb{R}^n = n$. 例えば $\{e_1, e_2, \ldots, e_n\}$ が基底の 1 つ (標準基底という).

□

例 5.16 n 次正方行列全体の集合 M_n に対し $\dim M_n = n^2$.
例えば 2 次正方行列全体 M_2 の基底として

$$\left\{ \begin{bmatrix} 1 & 0 \\ 0 & 0 \end{bmatrix}, \begin{bmatrix} 0 & 1 \\ 0 & 0 \end{bmatrix}, \begin{bmatrix} 0 & 0 \\ 1 & 0 \end{bmatrix}, \begin{bmatrix} 0 & 0 \\ 0 & 1 \end{bmatrix} \right\}$$

がとれる.

□

例 5.17 $\left\{ \begin{bmatrix} 1 \\ 2 \end{bmatrix}, \begin{bmatrix} 3 \\ 4 \end{bmatrix} \right\}$ は $\mathbb{R}^2$ の基底. 実際, $\begin{vmatrix} 1 & 3 \\ 2 & 4 \end{vmatrix} = -2 \neq 0$ より $\begin{bmatrix} 1 \\ 2 \end{bmatrix}, \begin{bmatrix} 3 \\ 4 \end{bmatrix}$ は 1 次独立. また, $\mathbb{R}^2$ の任意のベクトル $\begin{bmatrix} x \\ y \end{bmatrix}$ は

$$\left(-2x + \frac{3}{2}y\right)\begin{bmatrix} 1 \\ 2 \end{bmatrix} + \left(x - \frac{1}{2}y\right)\begin{bmatrix} 3 \\ 4 \end{bmatrix}$$

と1次結合の形で書ける. □

一般に $\{\boldsymbol{x}_1, \boldsymbol{x}_2, \ldots, \boldsymbol{x}_m\}$, $\{\boldsymbol{y}_1, \boldsymbol{y}_2, \ldots, \boldsymbol{y}_n\}$ がともにベクトル空間 V の基底ならば $m = n$ が成り立つ. つまり,

> **定理 5.6** ベクトル空間の基底はいろいろと取れるが,どの場合でも**基底となるベクトルの個数は一定**となる.

前節の定理 5.5 より次の定理が得られる.

> **定理 5.7** $\mathbb{R}^n$ 内の1次独立なベクトルの組 $\{x_1, x_2, \ldots, x_n\}$ は $\mathbb{R}^n$ の基底となる.

定理 5.7 により,例 5.17 での1次結合に関する確かめは必要なくなる.

> **例題 5.5** ベクトル空間の基底
> $\left\langle \begin{bmatrix} 4 \\ -2 \\ 2 \end{bmatrix}, \begin{bmatrix} 1 \\ 1 \\ -2 \end{bmatrix}, \begin{bmatrix} 2 \\ -1 \\ 1 \end{bmatrix}, \begin{bmatrix} 1 \\ -2 \\ 3 \end{bmatrix} \right\rangle$ の次元と基底を求めよ.

【解答】 まず,与えられたベクトルを列ベクトルとするような行列の階数から次元を求める.

$$\begin{bmatrix} 4 & 1 & 2 & 1 \\ -2 & 1 & -1 & -2 \\ 2 & -2 & 1 & 3 \end{bmatrix} \begin{matrix} \cdots ① \\ \cdots ② \\ \cdots ③ \end{matrix} \xrightarrow{① \leftrightarrow ③} \begin{bmatrix} 2 & -2 & 1 & 3 \\ -2 & 1 & -1 & -2 \\ 4 & 1 & 2 & 1 \end{bmatrix}$$

$$\xrightarrow[③ - ① \times 2]{② + ①} \begin{bmatrix} 2 & -2 & 1 & 3 \\ 0 & -1 & 0 & 1 \\ 0 & 5 & 0 & -5 \end{bmatrix}$$

$$\xrightarrow{③ + ② \times 5} \begin{bmatrix} 2 & -2 & 1 & 3 \\ 0 & -1 & 0 & 1 \\ 0 & 0 & 0 & 0 \end{bmatrix}$$

5.3 基底と次元

よって次元は 2. 基底として与えられたベクトルの中から 1 次独立な 2 つのベクトルを選べばよい．取り方はいろいろだが例えば，$\begin{bmatrix} 1 \\ 1 \\ -2 \end{bmatrix}$ と $\begin{bmatrix} 1 \\ -2 \\ 3 \end{bmatrix}$ は互いに定数倍で移らないので 1 次独立．

$$\dim \left\langle \begin{bmatrix} 4 \\ -2 \\ 2 \end{bmatrix}, \begin{bmatrix} 1 \\ 1 \\ -2 \end{bmatrix}, \begin{bmatrix} 2 \\ -1 \\ 1 \end{bmatrix}, \begin{bmatrix} 1 \\ -2 \\ 3 \end{bmatrix} \right\rangle = 2,$$

$$\text{求める基底は } \left\{ \begin{bmatrix} 1 \\ 1 \\ -2 \end{bmatrix}, \begin{bmatrix} 1 \\ -2 \\ 3 \end{bmatrix} \right\}.$$

階数を計算して次元が 2 であることを確かめてもよい． □

問題 5.4 $\left\{ \begin{bmatrix} a \\ 1 \\ 1 \end{bmatrix}, \begin{bmatrix} 1 \\ 1 \\ a \end{bmatrix}, \begin{bmatrix} 2 \\ 2 \\ 2 \end{bmatrix} \right\}$ が $\mathbb{R}^3$ の基底となるとき，実数 a が満たすべき条件を求めよ．

日常生活で単位を変更するとき，数字はそのままで単純に単位のみを変えればよいというわけではない．例えば，1 cm と 1 インチでは別の長さになってしまう．1 インチが 2.54 cm という「変換式」を用いることで，10 インチは 25.4 cm と計算できる．次で学ぶ基底の取りかえ行列は基底に関するいわば「変換式」のようなものであって，線形計画法などで取り扱われることも多く，重要な概念である．

定義 5.11 n 次元ベクトル空間 V の 2 組の基底をそれぞれ
$\mathcal{X} = \{\boldsymbol{x}_1, \boldsymbol{x}_2, \ldots, \boldsymbol{x}_n\}, \mathcal{Y} = \{\boldsymbol{y}_1, \boldsymbol{y}_2, \ldots, \boldsymbol{y}_n\}$ とする．このとき

$$\begin{cases} \boldsymbol{y}_1 = a_{11}\boldsymbol{x}_1 + a_{12}\boldsymbol{x}_2 + \cdots + a_{1n}\boldsymbol{x}_n \\ \boldsymbol{y}_2 = a_{21}\boldsymbol{x}_1 + a_{22}\boldsymbol{x}_2 + \cdots + a_{2n}\boldsymbol{x}_n \\ \quad \vdots \\ \boldsymbol{y}_n = a_{n1}\boldsymbol{x}_1 + a_{n2}\boldsymbol{x}_2 + \cdots + a_{nn}\boldsymbol{x}_n \end{cases}$$

を満たす n 次正方行列 $A = {}^t[a_{ij}]$ を基底 $\mathcal{X}$ から $\mathcal{Y}$ への**基底の取りかえ行列**という．

例 5.18 基底 $\{e_1, e_2, \ldots, e_n\}$ から $\{e_1, e_2, \ldots, e_n\}$ への取りかえ行列は E_n.

定義からただちに次の定理が得られる．

定理 5.8 基底 $\{x_1, x_2, \ldots, x_n\}$ から $\{y_1, y_2, \ldots, y_n\}$ への取りかえ行列を P とすると，基底 $\{y_1, y_2, \ldots, y_n\}$ から $\{x_1, x_2, \ldots, x_n\}$ への取りかえ行列は P^{-1} になる．

例題 5.6 基底の取りかえ行列

$\mathbb{R}^2$ の 2 組の基底をそれぞれ $\mathcal{X} = \left\{ \begin{bmatrix} 1 \\ 0 \end{bmatrix}, \begin{bmatrix} 1 \\ 1 \end{bmatrix} \right\}, \mathcal{Y} = \left\{ \begin{bmatrix} 1 \\ 2 \end{bmatrix}, \begin{bmatrix} 2 \\ -3 \end{bmatrix} \right\}$

とする．このとき基底 $\mathcal{X}$ から $\mathcal{Y}$ への取りかえ行列を求めよ．

【解答】 $\begin{bmatrix} 1 \\ 2 \end{bmatrix} = a \begin{bmatrix} 1 \\ 0 \end{bmatrix} + b \begin{bmatrix} 1 \\ 1 \end{bmatrix}, \begin{bmatrix} 2 \\ -3 \end{bmatrix} = c \begin{bmatrix} 1 \\ 0 \end{bmatrix} + d \begin{bmatrix} 1 \\ 1 \end{bmatrix}$ （a, b, c, d は実数）とおく．各成分を比較して得られる連立方程式

$$\begin{cases} a+b=1 \\ b=2 \end{cases}, \quad \begin{cases} c+d=2 \\ d=-3 \end{cases}$$

を解くと，$a=-1, b=2, c=5, d=-3$.

よって求める取りかえ行列は ${}^t\begin{bmatrix} -1 & 2 \\ 5 & -3 \end{bmatrix} = \begin{bmatrix} -1 & 5 \\ 2 & -3 \end{bmatrix}$.

問題 5.5 上の例題の基底 $\mathcal{Y}$ から $\mathcal{X}$ への取りかえ行列を求めよ．

5.4 線形写像

5.4.1 いろいろな写像

まず，写像についての基本的な事柄を解説する．

5.4 線形写像

定義 5.12　写像

X, Y を空でない集合とする．X の各元に対し Y の元（1つとは限らない）が対応するとき，この対応を X から Y への**写像**とよび，

$$f: X \to Y$$

と書く．X の元 x に対し Y の元 y が対応するとき，y は x の f による**像**（**Image**）とよび，

$$y = f(x)$$

と書く（$f: X \ni x \mapsto y \in Y$ と書くこともある）．

定義 5.13　値域と定義域

$f: X \to Y$ において，Y の部分集合

$$f(X) = \{f(x) \mid x \in X\}$$

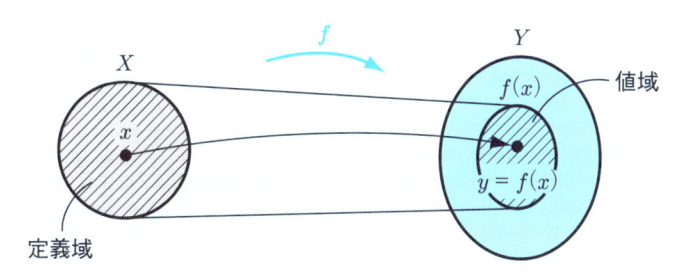

を f の**値域**とよぶ．また，X を f の**定義域**とよぶ（図 5.1）．

図 5.1

図からわかるように $f(X)$ は Y からはみ出すことはないが，Y になるとは限らない．そこで

定義 5.14　全射

$Y = f(X)$ のとき，f は Y の上への写像，または**全射**という（図 5.2）．

つまり f が全射とは

$$\forall y \in Y \Rightarrow y = f(x) \text{ となる } x \in X \text{ が必ず存在する}$$

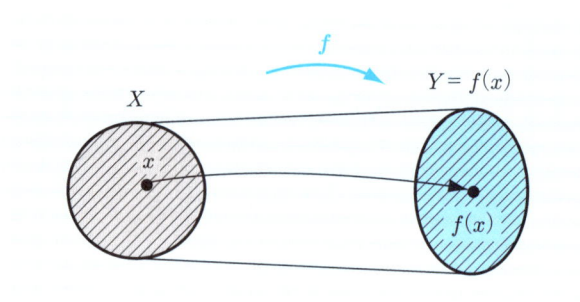

図 5.2

> **定義 5.15　単射**
> $f: X \to Y$ において，$f(X)$ の各元 y に対し $y = f(x)$ となる x がただ 1 つのとき，f は 1 対 1 の写像または**単射**であるという（図 5.3）．

つまり，f が単射とは

$$x \neq x' \Rightarrow f(x) \neq f(x')$$

言い換えると

$$f(x) = f(x') \Rightarrow x = x'$$

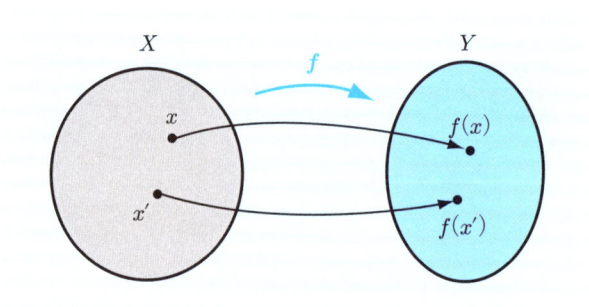

図 5.3

例 5.19　自然数 x に自然数 $x+1$ を対応させる写像 f は単射だが，（値域に 1 がないので）全射ではない．　□

f が全射かつ単射のとき，**全単射**（または 1 対 1 の上への写像）という．

5.4 線形写像

定義 5.16　逆写像

$f: X \to Y$ が全単射のとき，Y の各元 y に対し，$f(x) = y$ となる x を対応させる対応 $y \mapsto x$ は Y から X への写像を与える．これを f の逆写像といい，f^{-1}（エフインバース）と書く（図 5.4）．

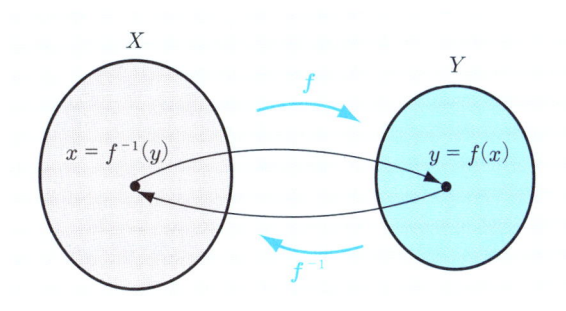

図 5.4

例 5.20　$f: x \mapsto y = x^3$ は全単射であり，逆関数は $f^{-1} = \sqrt[3]{x}$．　□

定義 5.17　合成関数

$f: X \ni x \mapsto y \in Y,\ g: Y \ni y \mapsto z \in Z$ とする．このとき，x に $z = g(y) = g(f(x))$ を対応させる X から Z への写像を f と g の**合成関数**とよび，$g \circ f$ で表す（図 5.5）．
$$g \circ f: X \ni x \mapsto z \in Z$$

例 5.21　$f(x) = x + 1,\ g(x) = x^2$ とすると，
$$g \circ f(x) = g(f(x)) = f(x)^2 = (x+1)^2,$$
$$f \circ g(x) = f(g(x)) = g(x) + 1 = x^2 + 1$$
□

注意 5.6　このように，$f \circ g$ と $g \circ f$ は必ずしも等しくならないことに注意する．

例 5.22　写像 f の逆写像が存在するとき，$f^{-1} \circ f(x) = f \circ f^{-1}(x) = x$．　□

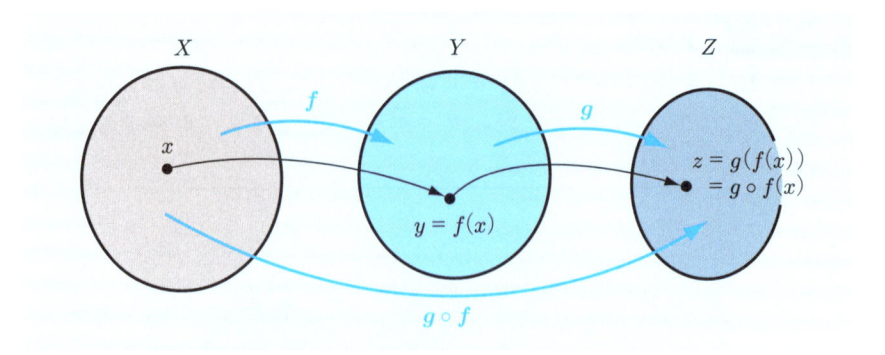

図 5.5

5.4.2 線形写像

ベクトル空間の章では "連続関数もベクトル" であると例示されていた. つまり, (関数 $f(x)$ から (x) という部分を除けば写像 f と考えられるので) (写像の) **線形性**という性質を考えることができる.

> **定義 5.18** V, V' をベクトル空間とする. 写像 $f: V \to V'$ が次の性質を満たすとき, f は**線形写像**であるという.
> $\forall \boldsymbol{x}, \forall \boldsymbol{y} \in V$, $k \in \mathbb{R}$ に対し,
> (1) $f(\boldsymbol{x} + \boldsymbol{y}) = f(\boldsymbol{x}) + f(\boldsymbol{y})$
> (2) $f(k\boldsymbol{x}) = kf(\boldsymbol{x})$

定義から f が線形写像であるとき

$$f(k_1\boldsymbol{x}_1 + k_2\boldsymbol{x}_2 + \cdots + k_n\boldsymbol{x}_n) = k_1 f(\boldsymbol{x}_1) + k_2 f(\boldsymbol{x}_2) + \cdots + k_n f(\boldsymbol{x}_n)$$

と同じであることがわかる.

以下の性質も成り立つ.

> **定理 5.9** (1) $f(\boldsymbol{0}) = \boldsymbol{0}$
> (2) $f(-\boldsymbol{x}) = -f(\boldsymbol{x})$
> (3) $f(\boldsymbol{x} - \boldsymbol{y}) = f(\boldsymbol{x}) - f(\boldsymbol{y})$

5.4 線形写像

例題 5.7　線形写像

写像 $f : \mathbb{R}^2 \to \mathbb{R}^2$ は $\begin{bmatrix} x \\ y \end{bmatrix}$ に $\begin{bmatrix} x+y \\ x-y \end{bmatrix}$ を対応させるものとする．このとき f が線形写像であることを示せ．

【解答】 問題より，$f\left(\begin{bmatrix} x \\ y \end{bmatrix}\right) = \begin{bmatrix} x+y \\ x-y \end{bmatrix}$ である．$\forall \begin{bmatrix} a \\ b \end{bmatrix}, \forall \begin{bmatrix} c \\ d \end{bmatrix} \in \mathbb{R}^2, \forall k \in \mathbb{R}$ とする．

このとき定義 5.18 (1) の左辺は

$$f\left(\begin{bmatrix} a \\ b \end{bmatrix} + \begin{bmatrix} c \\ d \end{bmatrix}\right) = f\left(\begin{bmatrix} a+c \\ b+d \end{bmatrix}\right) = \begin{bmatrix} (a+c)+(b+d) \\ (a+c)-(b+d) \end{bmatrix} = \begin{bmatrix} a+c+b+d \\ a+c-b-d \end{bmatrix}.$$

（最後の計算は，最初の $x = a+c$, $y = b+d$ を代入して得られる．）

また定義 5.18 (1) の右辺は

$$f\left(\begin{bmatrix} a \\ b \end{bmatrix}\right) + f\left(\begin{bmatrix} c \\ d \end{bmatrix}\right) = \begin{bmatrix} a+b \\ a-b \end{bmatrix} + \begin{bmatrix} c+d \\ c-d \end{bmatrix} = \begin{bmatrix} a+c+b+d \\ a+c-b-d \end{bmatrix}.$$

よって，$f\left(\begin{bmatrix} a \\ b \end{bmatrix} + \begin{bmatrix} c \\ d \end{bmatrix}\right) = f\left(\begin{bmatrix} a \\ b \end{bmatrix}\right) + f\left(\begin{bmatrix} c \\ d \end{bmatrix}\right)$ が示せた．

同様に定義 5.18 (2) は

$$f\left(k\begin{bmatrix} a \\ b \end{bmatrix}\right) = f\left(\begin{bmatrix} ka \\ kb \end{bmatrix}\right) = \begin{bmatrix} ka+kb \\ ka-kb \end{bmatrix} = k\begin{bmatrix} a+b \\ a-b \end{bmatrix} = kf\left(\begin{bmatrix} a \\ b \end{bmatrix}\right).$$

以上により f は線形写像であることが証明された． □

注意 5.7　部分ベクトル空間の証明との違いに注意しよう．部分ベクトル空間は左辺の計算結果が "集合に入っているかどうか" を調べたが，線形写像は左辺の計算結果と右辺の計算結果が等しいかどうかを調べなくてはいけない．

問題 5.6　$f : M_2 \to M_2$ を行列 A に $P^{-1}AP$ を対応させるものとする．f は線形写像であることを示せ．

5.4.3 核 と 像

定義 5.19 線形写像 $f: V \to W$ に対し,V の f による全体の集合 $f(V)$ を f の像(**image**)とよび,$\mathrm{Im}\, f$ と書く.

$$\mathrm{Im}\, f = \{\, f(\boldsymbol{x}) \mid \boldsymbol{x} \in V \,\} \subset W$$

また,V の元であって,f による像が(W の)$\boldsymbol{0}$ になるもの全体の集合を f の核(**kernel**)とよび,$\mathrm{Ker}\, f$ と書く.

$$\mathrm{Ker}\, f = \{\, \boldsymbol{x} \mid \boldsymbol{x} \in V,\ f(\boldsymbol{x}) = \boldsymbol{0} \,\} \subset V$$

定理 5.10 $\mathrm{Ker}\, f$ は V の部分ベクトル空間であり,$\mathrm{Im}\, f$ は W の部分ベクトル空間である.

例えば,$\mathrm{Ker}\, f \ni \forall \boldsymbol{x},\ \forall \boldsymbol{y}$ とすると,$\mathrm{Ker}\, f$ の定義より $f(\boldsymbol{x}) = \boldsymbol{0},\ f(\boldsymbol{y}) = \boldsymbol{0}$.よって,

$$f(\boldsymbol{x} + \boldsymbol{y}) = f(\boldsymbol{x}) + f(\boldsymbol{y}) = \boldsymbol{0}.$$

これから $x + y \in \mathrm{Ker}\, f$ となる.同様に $\mathbb{R} \ni \forall k$ とすると,

$$f(k\boldsymbol{x}) = k f(\boldsymbol{x}) = k\boldsymbol{0} = \boldsymbol{0}$$

より $k\boldsymbol{x} \in \mathrm{Ker}\, f$ となるので,V のベクトル空間であることが示せた.

定義 5.20 $\mathrm{Im}\, f$ の次元を f の**次数**(**rank**)とよび,$\mathrm{Ker}\, f$ の次元を f の**退化次数**とよぶ.

定理 5.11 次元定理

線形写像 $f: V \to W$ に対し,次が成り立つ.

$$\dim(\mathrm{Ker}\, f) + \dim(\mathrm{Im}\, f) = \dim V.$$

例 5.23 $\dim(\mathrm{Im}\, f) = \dim V$ のとき,$\mathrm{Ker}\, f = \{\boldsymbol{0}\}$ となるので,f は単射. □

5.4 線形写像

例題 5.8 **Im f の次元**

$f : \mathbb{R}^3 \to \mathbb{R}^3$ を，$\begin{bmatrix} x \\ y \\ z \end{bmatrix}$ を $\begin{bmatrix} 3x+4y+4z \\ 2x+y+3z \\ -5y+z \end{bmatrix}$ に移す線形写像とする．Im f の基底と次元を求めよ．

【解答】 題意より Im $f = \left\{ \begin{bmatrix} 3x+4y+4z \\ 2x+y+3z \\ -5y+z \end{bmatrix} \middle| x, y, z \in \mathbb{R} \right\}$．また，

$\begin{bmatrix} 3x+4y+4z \\ 2x+y+3z \\ -5y+z \end{bmatrix} = x \begin{bmatrix} 3 \\ 2 \\ 0 \end{bmatrix} + y \begin{bmatrix} 4 \\ 1 \\ -5 \end{bmatrix} + z \begin{bmatrix} 4 \\ 3 \\ 1 \end{bmatrix}$ より

Im $f = \left\langle \begin{bmatrix} 3 \\ 2 \\ 0 \end{bmatrix}, \begin{bmatrix} 4 \\ 1 \\ -5 \end{bmatrix}, \begin{bmatrix} 4 \\ 3 \\ 1 \end{bmatrix} \right\rangle$．ここで $\begin{bmatrix} 3 & 4 & 4 \\ 2 & 1 & 3 \\ 0 & -5 & 1 \end{bmatrix}$ の階数は 2 となるので，

(基本変形は省略例えば ① − ②, ② − ① × 2, ③ − ② など) Im f の次元は 2.

次に $\begin{bmatrix} 4 \\ 1 \\ -5 \end{bmatrix} = a \begin{bmatrix} 3 \\ 2 \\ 0 \end{bmatrix} + b \begin{bmatrix} 4 \\ 3 \\ 1 \end{bmatrix}$ (a, b : 実数) とおいてこれを解くと，$a = 8, b = -5$．

よって $\left\langle \begin{bmatrix} 3 \\ 2 \\ 0 \end{bmatrix}, \begin{bmatrix} 4 \\ 1 \\ -5 \end{bmatrix}, \begin{bmatrix} 4 \\ 3 \\ 1 \end{bmatrix} \right\rangle = \left\langle \begin{bmatrix} 3 \\ 2 \\ 0 \end{bmatrix}, \begin{bmatrix} 4 \\ 3 \\ 1 \end{bmatrix} \right\rangle$ となり，求める基底は

$$\left\{ \begin{bmatrix} 3 \\ 2 \\ 0 \end{bmatrix}, \begin{bmatrix} 4 \\ 3 \\ 1 \end{bmatrix} \right\}.$$

($\begin{bmatrix} 3 \\ 2 \\ 0 \end{bmatrix}$ と $\begin{bmatrix} 4 \\ 3 \\ 1 \end{bmatrix}$ が互いに定数倍で移りあわないので 1 次独立として求めてもよい．

他の組み合わせを考えても同様に示せる．) □

問題 5.7 上の例題の f について，Ker f の基底と次元を求めよ．

5.5 表現行列と基底変換

定義 5.21 m 次元ベクトル空間 V から n 次元ベクトル空間への線形写像を $f: V \to W$ とする．このとき，

$$\begin{cases} f(\boldsymbol{v}_1) = a_{11}\boldsymbol{w}_1 + a_{12}\boldsymbol{w}_2 + \cdots + a_{1n}\boldsymbol{w}_n \\ f(\boldsymbol{v}_2) = a_{21}\boldsymbol{w}_1 + a_{22}\boldsymbol{w}_2 + \cdots + a_{2n}\boldsymbol{w}_n \\ \quad \vdots \\ f(\boldsymbol{v}_m) = a_{m1}\boldsymbol{w}_1 + a_{m2}\boldsymbol{w}_2 + \cdots + a_{mn}\boldsymbol{w}_n \end{cases}$$

を満たす $m \times n$ 行列 $A = {}^t\begin{bmatrix} a_{ij} \end{bmatrix}$ を
V の基底 $\{\boldsymbol{v}_1, \boldsymbol{v}_2, \ldots, \boldsymbol{v}_m\}$ から W の基底 $\{\boldsymbol{w}_1, \boldsymbol{w}_2, \ldots, \boldsymbol{w}_n\}$ への f の**表現行列**という．

$V = W$ かつ $\{\boldsymbol{v}_1, \boldsymbol{v}_2, \ldots, \boldsymbol{v}_m\} = \{\boldsymbol{w}_1, \boldsymbol{w}_2, \ldots, \boldsymbol{w}_n\}$ のとき，A を基底 $\{\boldsymbol{v}_1, \boldsymbol{v}_2, \ldots, \boldsymbol{v}_m\}$ に関する f の表現行列という．
（標準基底の場合には単に f の表現行列ということもある．）

例 5.24 線形写像 $f: \mathbb{R}^3 \to \mathbb{R}^2$ の表現行列を $\begin{bmatrix} 2 & 3 & 0 \\ 0 & -2 & 1 \end{bmatrix}$ とする．このとき，f は $\begin{bmatrix} x \\ y \\ z \end{bmatrix}$ を $\begin{bmatrix} 2 & 3 & 0 \\ 0 & -2 & 1 \end{bmatrix} \begin{bmatrix} x \\ y \\ z \end{bmatrix} = \begin{bmatrix} 2x + 3y \\ -2y + z \end{bmatrix}$ に対応させる写像である．
特に $\boldsymbol{e}_1, \boldsymbol{e}_2, \boldsymbol{e}_3$ の移り先は

$$\begin{bmatrix} 2 & 3 & 0 \\ 0 & -2 & 1 \end{bmatrix} \begin{bmatrix} 1 \\ 0 \\ 0 \end{bmatrix} = \begin{bmatrix} 2 \\ 0 \end{bmatrix},$$

$$\begin{bmatrix} 2 & 3 & 0 \\ 0 & -2 & 1 \end{bmatrix} \begin{bmatrix} 0 \\ 1 \\ 0 \end{bmatrix} = \begin{bmatrix} 3 \\ -2 \end{bmatrix},$$

$$\begin{bmatrix} 2 & 3 & 0 \\ 0 & -2 & 1 \end{bmatrix} \begin{bmatrix} 0 \\ 0 \\ 1 \end{bmatrix} = \begin{bmatrix} 0 \\ 1 \end{bmatrix}.$$ □

例 5.25 線形写像 $f : \mathbb{R}^2 \to \mathbb{R}^2$ が $f(e_1) = \begin{bmatrix} 1 \\ -3 \end{bmatrix}$, $f(e_2) = \begin{bmatrix} 2 \\ 1 \end{bmatrix}$ を満たすとする．このとき，f の表現行列は e_1 および e_2 を f で移して得られるベクトルを，e_1 と e_2 との 1 次結合の形にすることで求められる．実際，

$$f(e_1) = \begin{bmatrix} 1 \\ -3 \end{bmatrix} = \begin{bmatrix} 1 \\ 0 \end{bmatrix} + \begin{bmatrix} 0 \\ -3 \end{bmatrix} = 1e_1 - 3e_2.$$

$$f(e_2) = \begin{bmatrix} 2 \\ 1 \end{bmatrix} = \begin{bmatrix} 2 \\ 0 \end{bmatrix} + \begin{bmatrix} 0 \\ 1 \end{bmatrix} = 2e_1 + 1e_2.$$

よって求める表現行列は

$$\begin{bmatrix} 1 & 2 \\ -3 & 1 \end{bmatrix}.$$
□

（標準基底に関する）表現行列は比較的簡単に求められることがわかる．同じようにして"与えられた基底"に関する表現行列などもう少し難しい問題も解いてみよう．

> **例題 5.9** **表現行列**
>
> $f : \mathbb{R}^2 \to \mathbb{R}^2$ の表現行列が $\begin{bmatrix} -1 & 2 \\ 1 & 4 \end{bmatrix}$ であったとする．このとき，$\mathbb{R}^2$ の基底 $\left\{ \begin{bmatrix} 1 \\ -1 \end{bmatrix}, \begin{bmatrix} 1 \\ 2 \end{bmatrix} \right\}$ に関する表現行列を求めよ．

【解答】 仮定より

$$f\left(\begin{bmatrix} 1 \\ -1 \end{bmatrix}\right) = \begin{bmatrix} -1 & 2 \\ 1 & 4 \end{bmatrix} \begin{bmatrix} 1 \\ -1 \end{bmatrix} = \begin{bmatrix} -3 \\ -3 \end{bmatrix},$$

$$f\left(\begin{bmatrix} 1 \\ 2 \end{bmatrix}\right) = \begin{bmatrix} -1 & 2 \\ 1 & 4 \end{bmatrix} \begin{bmatrix} 1 \\ 2 \end{bmatrix} = \begin{bmatrix} 3 \\ 9 \end{bmatrix}.$$

ここで

$$\begin{bmatrix} -3 \\ -3 \end{bmatrix} = a \begin{bmatrix} 1 \\ -1 \end{bmatrix} + b \begin{bmatrix} 1 \\ 2 \end{bmatrix},$$

$$\begin{bmatrix} 3 \\ 9 \end{bmatrix} = c \begin{bmatrix} 1 \\ -1 \end{bmatrix} + d \begin{bmatrix} 1 \\ 2 \end{bmatrix}$$

とおく. 連立方程式

$$\begin{cases} a + b = -3 \\ -a + 2b = -3 \end{cases},$$

$$\begin{cases} c + d = 3 \\ -c + 2d = 9 \end{cases}$$

をそれぞれ解いて

$$a = -1, \quad b = -2, \quad c = -1, \quad d = 4.$$

よって, 求める表現行列は $\begin{bmatrix} -1 & -1 \\ -2 & 4 \end{bmatrix}$. □

問題 5.8 $f : \mathbb{R}^3 \to \mathbb{R}^3$ の表現行列が $\begin{bmatrix} -1 & 1 & 3 \\ 0 & -2 & 1 \\ 0 & 4 & 1 \end{bmatrix}$ であったとする. このとき, $\mathbb{R}^3$ の基底 $\mathcal{X} = \left\{ \begin{bmatrix} 2 \\ 0 \\ 0 \end{bmatrix}, \begin{bmatrix} 0 \\ 1 \\ 0 \end{bmatrix}, \begin{bmatrix} 0 \\ 1 \\ -1 \end{bmatrix} \right\}$ に対し, 以下の問いに答えよ.

(1) f の基底 $\mathcal{X}$ から標準基底への表現行列を求めよ.
(2) f の標準基底から基底 $\mathcal{X}$ への表現行列を求めよ.

第5章　演習問題

演習 5.1 $\mathbb{R}^n$ $(n \geq 3)$ 上のベクトル a_1, a_2, a_3 が1次独立のとき、ベクトル $a_1 + a_2, a_2 + a_3, a_3 + a_1$ も1次独立であることを示せ。

演習 5.2 $\mathbb{R}^3$ 上のベクトル a_1, a_2, a_3 に対し、次の命題は成り立つか。成り立つならば示し、成り立たない場合は理由を述べよ。

(1) a_1 と a_2, a_2 と a_3, a_3 と a_1 が1次独立 $\Rightarrow$ a_1, a_2, a_3 は1次独立

(2) $a_1, a_1 + a_2, a_1 + a_2 + a_3$ が1次独立 $\Rightarrow$ a_1, a_2, a_3 は1次独立

演習 5.3 定数の部分がすべて0の連立方程式の解全体の集合はベクトル空間になる。これを**解空間**とよぶ。連立方程式

$$\begin{cases} 3x + y + z + w = 0 \\ 5x - y + z - w = 0 \end{cases}$$

の解空間の基底と次元を求めよ。

演習 5.4 $\mathbb{R}^4$ から $\mathbb{R}^3$ への線形写像 f の表現行列が $\begin{bmatrix} -2 & -2 & 0 & 0 \\ 1 & 1 & 0 & 0 \\ 0 & 0 & 1 & -1 \end{bmatrix}$ であったとする。このとき、

(1) $\operatorname{Ker} f$ の基底と次元（退化次数）を求めよ。

(2) $\operatorname{Im} f$ の基底と次元（次数）を求めよ。

演習 5.5 線形写像 $f: \mathbb{R}^2 \to \mathbb{R}^3$ の表現行列を $\begin{bmatrix} 1 & -2 \\ 2 & -1 \\ -1 & 2 \end{bmatrix}$ とする。以下の問いについて正誤を判定せよ。

(1) f は全射

(2) f は単射

第6章 固有値と対角化

まず最初に 2 次元ベクトルの固有値問題を取扱い，3 次元ベクトルの場合へと進む．この教科書では取り扱わないが，一般の n 次元ベクトルに対しても同様の結果が得られる．さらに行列の対角化と，応用として 2 次曲線の分類を学ぶ．

6.1 固有値と固有ベクトル

定義 6.1 [固有値と固有ベクトル] 行列 A に対し，$\boldsymbol{x} \neq \boldsymbol{0}$ が固有値 λ に対する**固有ベクトル**であるとは，
$$A\boldsymbol{x} = \lambda\boldsymbol{x}$$
となる実数 λ が存在することである．この λ を A の**固有値**とよぶ．

$A\boldsymbol{x} = \lambda\boldsymbol{x} = \lambda E\boldsymbol{x}$ より，$(A - \lambda E)\boldsymbol{x} = \boldsymbol{0}$．ここでもし $(A - \lambda E)^{-1}$ が存在すれば $\boldsymbol{x} = \boldsymbol{0}$ となってしまう．したがって，次の定理が得られる．

定理 6.1 λ が行列 A の固有値である必要十分条件は
$$\det(A - \lambda E) = 0.$$
この式を行列 A の**固有方程式**とよぶ．

固有値，固有方程式は次の性質が成り立つ．

定理 6.2
(1) 行列 A が相異なる固有値 $\lambda_1, \lambda_2, \ldots$ を持つとき，対応する固有ベクトル $\boldsymbol{x}_1, \boldsymbol{x}_2, \ldots$ は 1 次独立である．

(2) A が正則行列ならば，A の固有値 λ は 0 ではない．また，$\frac{1}{\lambda}$ は A^{-1} の固有値のうちの 1 つになっている．

例 6.1 $A = \begin{bmatrix} 3 & 1 \\ 0 & 2 \end{bmatrix}$ の固有値と固有ベクトルを求める．固有方程式は

$$\det(A - \lambda E) = \begin{vmatrix} 3-\lambda & 1 \\ 0 & 2-\lambda \end{vmatrix} = (3-\lambda)(2-\lambda) = 0.$$

よって，$\lambda = 2, 3$ が A の固有値．求める固有ベクトルを $\begin{bmatrix} x \\ y \end{bmatrix}$ とおく．

(1) 固有値 3 のとき．

$$\begin{bmatrix} 3 & 1 \\ 0 & 2 \end{bmatrix} \begin{bmatrix} x \\ y \end{bmatrix} = 3 \begin{bmatrix} x \\ y \end{bmatrix} \quad \text{より} \quad \begin{cases} 3x + y = 3x \\ 2y = 3y \end{cases}.$$

これから x : 任意，$y = 0$．$x = k_1$ ($\forall k_1 \in \mathbb{R}, k_1 \neq 0$) とおくと，

$$\begin{bmatrix} x \\ y \end{bmatrix} = \begin{bmatrix} k_1 \\ 0 \end{bmatrix} = k_1 \begin{bmatrix} 1 \\ 0 \end{bmatrix}.$$

よって，固有値 3 に対応する固有ベクトルは $k_1 \begin{bmatrix} 1 \\ 0 \end{bmatrix}$ である．

(2) 固有値 2 のとき．

$$\begin{bmatrix} 3 & 1 \\ 0 & 2 \end{bmatrix} \begin{bmatrix} x \\ y \end{bmatrix} = 2 \begin{bmatrix} x \\ y \end{bmatrix} \quad \text{より} \quad \begin{cases} 3x + y = 2x \\ 2y = 2y \end{cases}.$$

これから $x = -y$．例えば $x = 1$ とおくと，$y = -1$ となり，固有値 2 に対応する固有ベクトルは $k_2 \begin{bmatrix} 1 \\ -1 \end{bmatrix}$ ($\forall k_2 \in \mathbb{R}, k_2 \neq 0$) である． □

注意 6.1 上の例では 2 通りの方法で解いた．

固有方程式は λ の代わりに A を代入したものが零行列 O になる，という「特別な性質」を持つため，**特性多項式**とよばれることもある．例えば，

例 6.2（2 次のケーリー-ハミルトンの定理）

$A = \begin{bmatrix} a & b \\ c & d \end{bmatrix}$ の固有方程式は

$$\det(A - \lambda E) = \begin{vmatrix} a - \lambda & b \\ c & d - \lambda \end{vmatrix} = \lambda^2 - (a+d)\lambda + ad - bc = 0$$

であり，このとき 2 次のケーリー-ハミルトンの定理が成り立つ．

$$A^2 - (a+d)A + \det A = O$$

例 6.3 $A = \begin{bmatrix} 2 & 5 \\ 5 & 1 \end{bmatrix}$ の固有方程式は

$$\det(A - \lambda E) = \begin{vmatrix} 2 - \lambda & 5 \\ 5 & 1 - \lambda \end{vmatrix} = \lambda^2 - 3\lambda - 23 = 0$$

であり，ケーリー-ハミルトンの定理から $A^2 = 3A + 23E$．この式を使うと

$$A^3 = 3A^2 + 23A = 9A + 69E + 23A = 32A + 69E$$
$$= \begin{bmatrix} 64 & 160 \\ 160 & 32 \end{bmatrix} + \begin{bmatrix} 69 & 0 \\ 0 & 69 \end{bmatrix} = \begin{bmatrix} 133 & 160 \\ 160 & 101 \end{bmatrix}.$$

同様にして，A^n も求められる．

注意 6.2 3 次のケーリー-ハミルトンの定理は章末問題で取り扱う．

例題 6.1　固有値と固有ベクトル

$\begin{bmatrix} 8 & -10 \\ 5 & -7 \end{bmatrix}$ の固有値と固有ベクトルを求めよ．

【解答】 固有方程式は

$$\begin{vmatrix} 8 - \lambda & -10 \\ 5 & -7 - \lambda \end{vmatrix} = (\lambda - 3)(\lambda + 2) = 0.$$

よって，$\lambda = -2, 3$ が A の固有値．求める固有ベクトルを $\begin{bmatrix} x \\ y \end{bmatrix}$ とおく．

(1) 固有値 -2 のとき．

$$\begin{bmatrix} 8 & -10 \\ 5 & -7 \end{bmatrix} \begin{bmatrix} x \\ y \end{bmatrix} = -2 \begin{bmatrix} x \\ y \end{bmatrix} \quad \text{より} \quad \begin{cases} 8x - 10y = -2x \\ 5x - 7y = -2y \end{cases}.$$

これから $x = y$ となる．$x = k_1$ ($\forall k_1 \in \mathbb{R}$, $k_1 \neq 0$) とおくと，

$$\begin{bmatrix} x \\ y \end{bmatrix} = \begin{bmatrix} k_1 \\ k_1 \end{bmatrix} = k_1 \begin{bmatrix} 1 \\ 1 \end{bmatrix}.$$

よって，固有値 -2 に対応する固有ベクトルは $k_1 \begin{bmatrix} 1 \\ 1 \end{bmatrix}$ である．

(2) 固有値 3 のとき．

$$\begin{bmatrix} 8 & -10 \\ 5 & -7 \end{bmatrix} \begin{bmatrix} x \\ y \end{bmatrix} = 3 \begin{bmatrix} x \\ y \end{bmatrix} \quad \text{より} \quad \begin{cases} 8x - 10y = 3x \\ 5x - 7y = 3y \end{cases}.$$

これから $x = 2y$ となる．$y = k_2$ ($\forall k_2 \in \mathbb{R}$, $k_2 \neq 0$) とおくと，

$$\begin{bmatrix} x \\ y \end{bmatrix} = \begin{bmatrix} 2k_2 \\ k_2 \end{bmatrix} = k_2 \begin{bmatrix} 2 \\ 1 \end{bmatrix}.$$

よって，固有値 3 に対応する固有ベクトルは $k_2 \begin{bmatrix} 2 \\ 1 \end{bmatrix}$ である．

問題 6.1 $\begin{bmatrix} 0 & -4 & 4 \\ 2 & 6 & -4 \\ 1 & 2 & 0 \end{bmatrix}$ の固有値と固有ベクトルを求めよ．

6.2 行列の対角化

この節以降，固有ベクトルとして，その基底 $\left(\text{例えば } k_1 \begin{bmatrix} 1 \\ 1 \end{bmatrix} \text{ の代わりに } \begin{bmatrix} 1 \\ 1 \end{bmatrix} \right)$ を固有ベクトルとよぶことがあるので注意すること．

定理 6.3 $n \times n$ 行列 A の固有値を $\lambda_1, \lambda_2, \ldots, \lambda_n$ とし，それぞれに対応する固有ベクトルを $\boldsymbol{x}_1, \boldsymbol{x}_2, \ldots, \boldsymbol{x}_n$ とする．各 $\boldsymbol{x}_i$ を列ベクトルとするような $P = \begin{bmatrix} \boldsymbol{x}_1 & \boldsymbol{x}_2 & \ldots & \boldsymbol{x}_n \end{bmatrix}$ に対し

$$P^{-1}AP = \begin{bmatrix} \lambda_1 & 0 & \cdots & 0 \\ 0 & \lambda_2 & \ddots & \vdots \\ \vdots & \ddots & \ddots & 0 \\ 0 & \cdots & 0 & \lambda_n \end{bmatrix}$$

が成り立つとき，これを（P による）A の**対角化**とよぶ．

注意 6.3 P は正則行列，つまり可逆になる．実際に $P^{-1}AP$ の掛け算を計算しなくても対角行列が得られるということがこの定理のポイントである．

一方，固有値が重解になるときには対角化できるとは限らない．

定理 6.4 行列 A の重複度 n の固有値に対応する 1 次独立な固有ベクトルが n 個存在するとき，A は**対角化可能**である．

例 6.4 例 6.1 で，$A = \begin{bmatrix} 3 & 1 \\ 0 & 2 \end{bmatrix}$ の固有値 2 に対応する固有ベクトルは $\begin{bmatrix} 1 \\ -1 \end{bmatrix}$，固有値 3 に対応する固有ベクトルは $\begin{bmatrix} 1 \\ 0 \end{bmatrix}$ であることを計算した．これより，$P = \begin{bmatrix} 1 & 1 \\ -1 & 0 \end{bmatrix}$ とおくと

$$P^{-1}AP = \begin{bmatrix} 2 & 0 \\ 0 & 3 \end{bmatrix}$$

これが A の（P による）対角化である．

また，$Q = \begin{bmatrix} 1 & 1 \\ 0 & -1 \end{bmatrix}$ とおくと $Q^{-1}AQ = \begin{bmatrix} 3 & 0 \\ 0 & 2 \end{bmatrix}$ であり，これも A の対角化となる． □

注意 6.4 固有ベクトルをどのような順番に並べるかで，異なる対角行列が得られる．

> **例題 6.2** 対角化可能性
>
> 行列 $A = \begin{bmatrix} 1 & 0 & 0 \\ 0 & 3 & -2 \\ 0 & -2 & 3 \end{bmatrix}$ は対角化可能か．可能ならば対角化し，不可能ならば理由を述べよ．

【解答】 A の固有方程式

$$\begin{vmatrix} 1-\lambda & 0 & 0 \\ 0 & 3-\lambda & -2 \\ 0 & -2 & 3-\lambda \end{vmatrix} = (1-\lambda)\{(3-\lambda)^2 - 4\} = (1-\lambda)^2(5-\lambda) = 0$$

を解くと，固有値は 1 (重複度 2), 5. 対応する固有ベクトルを $\begin{bmatrix} x \\ y \\ z \end{bmatrix}$ とおく．

(1) 固有値が 1 のとき．

$$A\begin{bmatrix} x \\ y \\ z \end{bmatrix} = \begin{bmatrix} x \\ y \\ z \end{bmatrix} \quad \text{より} \quad \begin{cases} x = x \\ 3y - 2z = y \\ -2y + 3z = z \end{cases}$$

よって $y = z$. $x = s, y = t$ ($s, t \in \mathbb{R}, (s, t) \neq (0, 0)$) とおくと $z = t$ で，

$$\begin{bmatrix} x \\ y \\ z \end{bmatrix} = \begin{bmatrix} s \\ t \\ t \end{bmatrix} = s\begin{bmatrix} 1 \\ 0 \\ 0 \end{bmatrix} + t\begin{bmatrix} 0 \\ 1 \\ 1 \end{bmatrix}.$$

よって固有値 1 に対応する固有ベクトルは $\begin{bmatrix} 1 \\ 0 \\ 0 \end{bmatrix}, \begin{bmatrix} 0 \\ 1 \\ 1 \end{bmatrix}$.

(2) 同様に，固有値が 5 のとき．

$$A\begin{bmatrix} x \\ y \\ z \end{bmatrix} = 5\begin{bmatrix} x \\ y \\ z \end{bmatrix} \quad \text{より} \quad \begin{cases} x = 5x \\ 3y - 2z = 5y \\ -2y + 3z = 5z \end{cases}$$

よって $x=0$ かつ $y=-z$. $y=1$ を代入して固有値 5 に対応する固有ベクトル $\begin{bmatrix} 0 \\ -1 \\ 1 \end{bmatrix}$ を得る. したがって A は対角化可能であり, $P = \begin{bmatrix} 1 & 0 & 0 \\ 0 & 1 & -1 \\ 0 & 1 & 1 \end{bmatrix}$ とおくと

$$P^{-1}AP = \begin{bmatrix} 1 & 0 & 0 \\ 0 & 1 & 0 \\ 0 & 0 & 5 \end{bmatrix}.$$

□

問題 6.2 $B = \begin{bmatrix} 3 & -1 \\ 1 & 1 \end{bmatrix}$ は対角化可能か. 可能ならば対角化し, 不可能ならば理由を述べよ.

6.3 シュミットの正規直交化法

定義 6.2 ノルムが 1 のベクトルを**正規ベクトル**とよぶ.

例 6.5 $\mathbb{R}^3$ 内のベクトル $\begin{bmatrix} 1 \\ 0 \\ 0 \end{bmatrix}$ は正規ベクトル. □

例えば, $\dfrac{\boldsymbol{a}}{\|\boldsymbol{a}\|}$ は正規ベクトルである. この操作によって正規ベクトルを作ることをベクトルの**正規化**とよぶ.

例 6.6 $\mathbb{R}^2$ 内のベクトル $\begin{bmatrix} 1 \\ 1 \end{bmatrix}$ を正規化すると $\dfrac{1}{\sqrt{2}} \begin{bmatrix} 1 \\ 1 \end{bmatrix}$. □

定義 6.3 $\mathbb{R}^n$ のベクトル $\boldsymbol{a}_1, \boldsymbol{a}_2, \ldots, \boldsymbol{a}_m$ が
(1) $\|\boldsymbol{a}_i\|\ (1 \leq i \leq m) = 1$
(2) $\boldsymbol{a}_i \cdot \boldsymbol{a}_j = 0\ (i \neq j)$
を満たすとき, $\{\boldsymbol{a}_1,\ \boldsymbol{a}_2, \ldots, \boldsymbol{a}_m\}$ を**正規直交系**とよぶ. さらに, $\boldsymbol{a}_1,\ \boldsymbol{a}_2, \ldots, \boldsymbol{a}_m$ が $\mathbb{R}^n$ 内のある部分空間 V の基底のとき, **正規直交基底**とよぶ.

6.3 シュミットの正規直交化法

注意 6.5 つまり，正規直交基底とはノルムが 1 で，どの 2 つのベクトルを取っても互いに直交している基底のことになる．

例 6.7 $\left\{ \dfrac{1}{\sqrt{2}}\begin{bmatrix}1\\1\end{bmatrix},\ \dfrac{1}{\sqrt{2}}\begin{bmatrix}1\\-1\end{bmatrix} \right\}$ は正規直交基底． □

例題 6.3　正規直交基底

$\left\{ \begin{bmatrix}0\\1\\0\end{bmatrix},\ \begin{bmatrix}\frac{3}{5}\\0\\\frac{4}{5}\end{bmatrix},\ \begin{bmatrix}\frac{4}{5}\\0\\-\frac{3}{5}\end{bmatrix} \right\}$ が $\mathbb{R}^3$ 上の正規直交基底であることを確かめよ．

【解答】 まず $\begin{vmatrix} 0 & \frac{3}{5} & \frac{4}{5} \\ 1 & 0 & 0 \\ 0 & \frac{4}{5} & -\frac{3}{5} \end{vmatrix} = 1$ より与えられた 3 次元ベクトルは 1 次独立であるので，$\mathbb{R}^3$ の基底になっている．

次にノルムを計算する．

$$\left\| \begin{bmatrix}0\\1\\0\end{bmatrix} \right\| = \sqrt{0+1+0} = 1, \quad \left\| \begin{bmatrix}\frac{3}{5}\\0\\\frac{4}{5}\end{bmatrix} \right\| = \sqrt{\frac{9}{25}+0+\frac{16}{25}} = 1,$$

$$\left\| \begin{bmatrix}\frac{4}{5}\\0\\-\frac{3}{5}\end{bmatrix} \right\| = \sqrt{\frac{16}{25}+0+\frac{9}{25}} = 1.$$

よって，正規ベクトルであることが確かめられた．

また，

$$\begin{bmatrix}0\\1\\0\end{bmatrix} \cdot \begin{bmatrix}\frac{3}{5}\\0\\\frac{4}{5}\end{bmatrix} = 0 \cdot \frac{3}{5} + 0 \cdot 0 + 0 \cdot \frac{4}{5} = 0, \quad \begin{bmatrix}0\\1\\0\end{bmatrix} \cdot \begin{bmatrix}\frac{4}{5}\\0\\-\frac{3}{5}\end{bmatrix} = 0 \cdot \frac{4}{5} + 0 \cdot 0 - 0 \cdot \frac{3}{5} = 0,$$

$$\begin{bmatrix}\frac{3}{5}\\0\\\frac{4}{5}\end{bmatrix} \cdot \begin{bmatrix}\frac{4}{5}\\0\\-\frac{3}{5}\end{bmatrix} = \frac{3}{5} \cdot \frac{4}{5} + 0 \cdot 0 - \frac{4}{5} \cdot \frac{3}{5} = 0,$$

よってすべての組み合わせで内積が 0 なので，互いに直交している．

以上により，与えられたベクトルの組は $\mathbb{R}^3$ の正規直交基底であることが確かめられた． □

注意 6.6 与えられた "基底" が正規直交基底であることを確かめるときは，正規性と直交性のみを示すだけでよい．

例題 6.3 でみたように，与えられたベクトルの組が正規直交基底になっていることを確かめるのは面倒である．そこで次に，定められた手順で正規直交基底を作る方法を与える．まず，正射影について説明する．

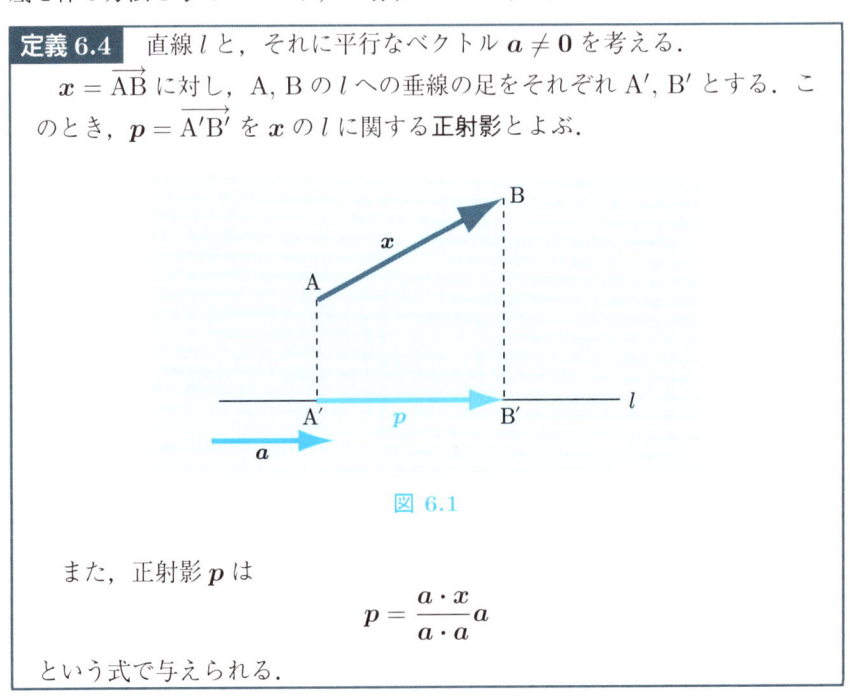

定義 6.4 直線 l と，それに平行なベクトル $\boldsymbol{a} \neq \boldsymbol{0}$ を考える．
$\boldsymbol{x} = \overrightarrow{AB}$ に対し，A, B の l への垂線の足をそれぞれ A′, B′ とする．このとき，$\boldsymbol{p} = \overrightarrow{A'B'}$ を $\boldsymbol{x}$ の l に関する**正射影**とよぶ．

図 6.1

また，正射影 $\boldsymbol{p}$ は

$$p = \frac{\boldsymbol{a} \cdot \boldsymbol{x}}{\boldsymbol{a} \cdot \boldsymbol{a}} \boldsymbol{a}$$

という式で与えられる．

以下に述べる方法はシュミットの**正規直交化法**とよばれ，正射影の考え方を使って，$\mathbb{R}^n$ 内のベクトル空間の基底から正規直交基底を作る方法である．一般の次元でも可能だが，3 次元でできれば十分である．

ベクトル空間 V の基底の組を $\{\boldsymbol{v}_1, \boldsymbol{v}_2, \boldsymbol{v}_3\}$ とする．

Step. 1 $\boldsymbol{v}_1$ を正規化して，ノルム 1 のベクトル $\boldsymbol{u}_1$ を作る．

6.3 シュミットの正規直交化法

$$u_1 = \frac{v_1}{\|v_1\|}$$

Step. 2 u_1 と直交するベクトルを「v_2 と u_1 から」作り，正規化する．

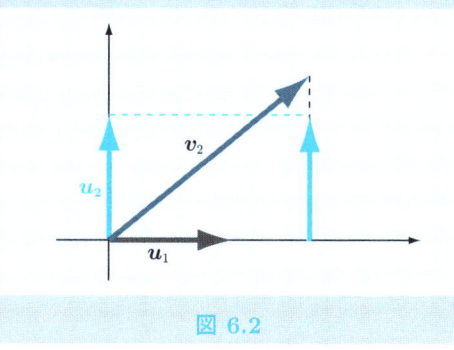

図 6.2

$$u_2 = \frac{v_2 - (v_2 \cdot u_1)u_1}{\|v_2 - (v_2 \cdot u_1)u_1\|}$$

Step. 3 Step. 2 と同様に，u_1, u_2 と直交するベクトルを「v_3 と u_1, u_2 から」作り，正規化する．

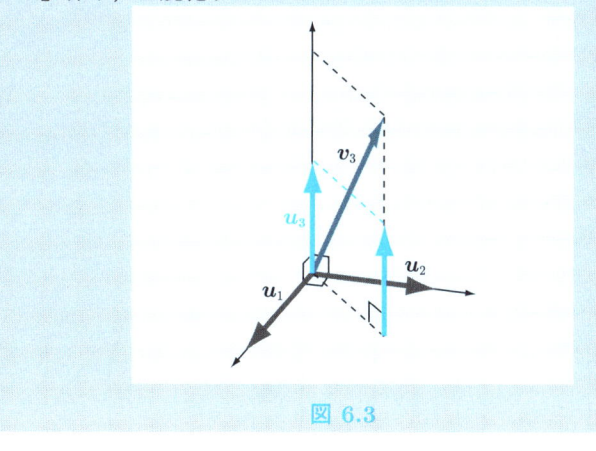

図 6.3

$$u_3 = \frac{v_3 - (v_3 \cdot u_1)u_1 - (v_3 \cdot u_2)u_2}{\|v_3 - (v_3 \cdot u_1)u_1 - (v_3 \cdot u_2)u_2\|}$$

以上の操作で得られてた基底 $\{u_1, u_2, u_3\}$ は正規直交基底となる．

例題 6.4 シュミットの正規直交化法

$\mathbb{R}^3$ の基底 $\left\{ \begin{bmatrix} 1 \\ 1 \\ 1 \end{bmatrix}, \begin{bmatrix} 0 \\ 1 \\ 1 \end{bmatrix}, \begin{bmatrix} 0 \\ 0 \\ 1 \end{bmatrix} \right\}$ をシュミットの正規直交化法を用いて正規直交化せよ．

【解答】

Step. 1

$$\frac{1}{\left\| \begin{bmatrix} 1 \\ 1 \\ 1 \end{bmatrix} \right\|} \begin{bmatrix} 1 \\ 1 \\ 1 \end{bmatrix} = \frac{1}{\sqrt{3}} \begin{bmatrix} 1 \\ 1 \\ 1 \end{bmatrix}.$$

Step. 2

$$\begin{bmatrix} 0 \\ 1 \\ 1 \end{bmatrix} - \left(\begin{bmatrix} 0 \\ 1 \\ 1 \end{bmatrix} \cdot \frac{1}{\sqrt{3}} \begin{bmatrix} 1 \\ 1 \\ 1 \end{bmatrix} \right) \frac{1}{\sqrt{3}} \begin{bmatrix} 1 \\ 1 \\ 1 \end{bmatrix} = \begin{bmatrix} 0 \\ 1 \\ 1 \end{bmatrix} - \begin{bmatrix} \frac{2}{3} \\ \frac{2}{3} \\ \frac{2}{3} \end{bmatrix} = \begin{bmatrix} -\frac{2}{3} \\ \frac{1}{3} \\ \frac{1}{3} \end{bmatrix}.$$

正規化して（**忘れずに！**）

$$\frac{1}{\left\| \begin{bmatrix} -\frac{2}{3} \\ \frac{1}{3} \\ \frac{1}{3} \end{bmatrix} \right\|} \begin{bmatrix} -\frac{2}{3} \\ \frac{1}{3} \\ \frac{1}{3} \end{bmatrix} = \frac{3}{\sqrt{6}} \begin{bmatrix} -\frac{2}{3} \\ \frac{1}{3} \\ \frac{1}{3} \end{bmatrix} = \frac{1}{\sqrt{6}} \begin{bmatrix} -2 \\ 1 \\ 1 \end{bmatrix}.$$

Step. 3

$$\begin{bmatrix} 0 \\ 0 \\ 1 \end{bmatrix} - \left(\begin{bmatrix} 0 \\ 0 \\ 1 \end{bmatrix} \cdot \frac{1}{\sqrt{3}} \begin{bmatrix} 1 \\ 1 \\ 1 \end{bmatrix} \right) \frac{1}{\sqrt{3}} \begin{bmatrix} 1 \\ 1 \\ 1 \end{bmatrix} - \left(\begin{bmatrix} 0 \\ 0 \\ 1 \end{bmatrix} \cdot \frac{1}{\sqrt{6}} \begin{bmatrix} -2 \\ 1 \\ 1 \end{bmatrix} \right) \frac{1}{\sqrt{6}} \begin{bmatrix} -2 \\ 1 \\ 1 \end{bmatrix}$$

$$= \begin{bmatrix} 0 \\ 0 \\ 1 \end{bmatrix} - \frac{1}{3} \begin{bmatrix} 1 \\ 1 \\ 1 \end{bmatrix} - \frac{1}{6} \begin{bmatrix} -2 \\ 1 \\ 1 \end{bmatrix} = \begin{bmatrix} 0 \\ -\frac{1}{2} \\ \frac{1}{2} \end{bmatrix}$$

正規化して
$$\frac{1}{\left\|\begin{bmatrix} 0 \\ -\frac{1}{2} \\ \frac{1}{2} \end{bmatrix}\right\|} \begin{bmatrix} 0 \\ -\frac{1}{2} \\ \frac{1}{2} \end{bmatrix} = \frac{1}{\sqrt{2}} \begin{bmatrix} 0 \\ -1 \\ 1 \end{bmatrix}.$$

よって正規直交基底 $\left\{ \begin{bmatrix} \frac{1}{\sqrt{3}} \\ \frac{1}{\sqrt{3}} \\ \frac{1}{\sqrt{3}} \end{bmatrix}, \begin{bmatrix} \frac{-2}{\sqrt{6}} \\ \frac{1}{\sqrt{6}} \\ \frac{1}{\sqrt{6}} \end{bmatrix}, \begin{bmatrix} 0 \\ -\frac{1}{\sqrt{2}} \\ \frac{1}{\sqrt{2}} \end{bmatrix} \right\}$ を得た. □

注意 6.7 どの順番でシュミットの正規直交化法を適用するかにより，計算の難しさが大幅に異なることもあるので注意が必要である．また，ある程度計算をこなすことで得られる正規直交基底に自信が持てるようになるだろう．例題のベクトルを他の順番で適用するなどいろいろと試してみてほしい．

問題 6.3 上の例題でシュミットの正規直交化法の適用順を逆にして求めよ．

6.4 対称行列の対角化

6.4.1 直交行列

定義 6.5 正方行列 A に対し ${}^tAA = A{}^tA = E$ が成立するとき，A を**直交行列**とよぶ．

例 6.8 単位行列 $\begin{bmatrix} 1 & 0 \\ 0 & 1 \end{bmatrix}$ は直交行列． □

例 6.9 $\begin{bmatrix} \cos\theta & -\sin\theta & 0 \\ \sin\theta & \cos\theta & 0 \\ 0 & 0 & 1 \end{bmatrix}$ (z 軸のまわりの角 θ 回転の表現行列)
は直交行列． □

直交行列は次の性質を持つ．

> **定理 6.5** 直交行列 A に対し，次が成立する．
> (1) $\det A = \pm 1$
> (2) A の行（列）ベクトル全体は正規直交基底となる．
> (3) $(A\boldsymbol{x}) \cdot (A\boldsymbol{y}) = \boldsymbol{x} \cdot \boldsymbol{y}$ （$\boldsymbol{x}, \boldsymbol{y}$: 列ベクトル）
> (4) $\|A\boldsymbol{x}\| = \|\boldsymbol{x}\|$ （$\boldsymbol{x}$: 列ベクトル）

(1) は定義から $(\det A)^2 = (\det {}^tA)(\det A) = \det({}^tAA) = \det E = 1$ となり，求められる．

(3) で，特に内積が 0 になる場合を考えれば「直交行列は直交する 2 つのベクトルを直交するベクトルに移す」という性質になる．

(4) はベクトルのノルムが移す前と後で変化しないことを意味する．

> **定理 6.6** 2 次の直交行列 A は次のいずれかの形に書ける．
> (1) $\det A = 1 \quad \Leftrightarrow \quad A = \begin{bmatrix} \cos\theta & -\sin\theta \\ \sin\theta & \cos\theta \end{bmatrix}$
> (2) $\det A = -1 \quad \Leftrightarrow \quad A = \begin{bmatrix} \cos\theta & \sin\theta \\ \sin\theta & -\cos\theta \end{bmatrix}$

> **例題 6.5** 直交行列の性質
> A, B を直交行列とする．このとき
> (1) A^{-1} 　　(2) AB もそれぞれ直交行列になることを示せ．

【解答】 (1) A が直交行列のとき，定義より $A^{-1} = {}^tA$ である．このとき
$${}^t(A^{-1})A^{-1} = {}^t({}^tA){}^tA = A\,{}^tA = AA^{-1} = E \text{ かつ } {}^tA\,{}^t({}^tA) = {}^tAA = E.$$
よって A^{-1} も直交行列になる．

(2) $\quad {}^t(AB)AB = {}^tB\,{}^tAAB = {}^tB({}^tAA)B = {}^tBEB = {}^tBB = E.$
同様に $AB\,{}^t(AB) = AB\,{}^tB\,{}^tA = E$ も成り立つ．

よって AB も直交行列となる． □

問題 6.4 直交行列 $\begin{bmatrix} \frac{1}{\sqrt{2}} & 0 & 0 & -\frac{1}{\sqrt{2}} \\ 0 & \frac{1}{\sqrt{2}} & -\frac{1}{\sqrt{2}} & 0 \\ 0 & \frac{1}{\sqrt{2}} & \frac{1}{\sqrt{2}} & 0 \\ \frac{1}{\sqrt{2}} & 0 & 0 & \frac{1}{\sqrt{2}} \end{bmatrix}$ の逆行列を求めよ．

6.4.2 対称行列の対角化

復習 $A = {}^t A$ のとき，A を対称行列とよぶ．

次の定理によって対称行列は常に直交行列を用いて対角化可能であることが示される．証明は複雑なので省略する．

定理 6.7 A を n 次対称行列とする．
(1) A の固有値は全て実数
(2) A の異なる固有値に対応する固有ベクトルは互いに直交する．
(3) A はある直交行列 P を用いて対角化可能である．

実際には次の手順で対角化を行う．

Step. 1 A の固有値 $\lambda_1, \lambda_2, \ldots, \lambda_n$ を求める（重複も含めて考える）．それぞれに対する（1次独立な）固有ベクトルを $v_1, v_2, \ldots, v_n$ とする．

Step. 2 シュミットの正規直交化法により $v_1, v_2, \ldots, v_n$ から正規直交基底 $u_1, u_2, \ldots, u_n$ を作る．

Step. 3 $P = \begin{bmatrix} u_1 & u_2 & \cdots & u_n \end{bmatrix}$ とおくと P は直交行列で，

$$P^{-1}AP = \begin{bmatrix} \lambda_1 & 0 & \cdots & 0 \\ 0 & \lambda_2 & \ddots & \vdots \\ \vdots & \ddots & \ddots & 0 \\ 0 & \cdots & 0 & \lambda_n \end{bmatrix}.$$

例 6.10 $\begin{bmatrix} 2 & 1 \\ 1 & 2 \end{bmatrix}$ を直交行列を用いて対角化する.

Step. 1 $\begin{bmatrix} 2-\lambda & 1 \\ 1 & 2-\lambda \end{bmatrix} = (2-\lambda)^2 - 1 = \lambda^2 - 4\lambda + 3 = (\lambda-1)(\lambda-3) = 0$

を解いて $\lambda = 1, 3$. 求める固有ベクトルを $\begin{bmatrix} x \\ y \end{bmatrix}$ とおく.

(1) 固有値 1 のとき

$$\begin{bmatrix} 2 & 1 \\ 1 & 2 \end{bmatrix} \begin{bmatrix} x \\ y \end{bmatrix} = \begin{bmatrix} x \\ y \end{bmatrix} \quad \text{より} \quad \begin{cases} 2x + y = x \\ x + 2y = y \end{cases}$$

よって $x = -y$. $x = s$ (s : 実数, $s \neq 0$) とおくと $y = -s$ となり,

$$\begin{bmatrix} x \\ y \end{bmatrix} = \begin{bmatrix} s \\ -s \end{bmatrix} = s \begin{bmatrix} 1 \\ -1 \end{bmatrix}.$$

(2) 固有値 3 のとき

$$\begin{bmatrix} 2 & 1 \\ 1 & 2 \end{bmatrix} \begin{bmatrix} x \\ y \end{bmatrix} = 3 \begin{bmatrix} x \\ y \end{bmatrix} \quad \text{より} \quad \begin{cases} 2x + y = 3x \\ x + 2y = 3y \end{cases}$$

よって $x = y$. $x = t$ (t : 実数, $t \neq 0$) とおくと $y = t$ となるので,

$$\begin{bmatrix} x \\ y \end{bmatrix} = \begin{bmatrix} t \\ t \end{bmatrix} = t \begin{bmatrix} 1 \\ 1 \end{bmatrix}.$$

Step. 2 今, $\begin{bmatrix} 1 \\ -1 \end{bmatrix}$ と $\begin{bmatrix} 1 \\ 1 \end{bmatrix}$ は直交しているのでそれぞれのベクトルを正規化すれば正規直交基底が得られる.

$$\left\| \begin{bmatrix} 1 \\ -1 \end{bmatrix} \right\| = \sqrt{1^2 + 1^2} = \sqrt{2}.$$

よって $\dfrac{1}{\left\| \begin{bmatrix} 1 \\ -1 \end{bmatrix} \right\|} \begin{bmatrix} 1 \\ -1 \end{bmatrix} = \dfrac{1}{\sqrt{2}} \begin{bmatrix} 1 \\ -1 \end{bmatrix}.$

同様にして $\dfrac{1}{\left\|\begin{bmatrix}1\\1\end{bmatrix}\right\|}\begin{bmatrix}1\\1\end{bmatrix}=\dfrac{1}{\sqrt{2}}\begin{bmatrix}1\\1\end{bmatrix}$.

Step. 3 $P=\begin{bmatrix}\dfrac{1}{\sqrt{2}}&\dfrac{1}{\sqrt{2}}\\-\dfrac{1}{\sqrt{2}}&\dfrac{1}{\sqrt{2}}\end{bmatrix}$ とおくと P は直交行列で,$P^{-1}AP=\begin{bmatrix}1&0\\0&3\end{bmatrix}$.

これが求める対角化である. □

例題 6.6　対称行列の対角化

$\begin{bmatrix}1&2&-1\\2&-2&2\\-1&2&1\end{bmatrix}$ を直交行列を用いて対角化せよ.

【解答】

Step. 1 $\begin{vmatrix}1-\lambda & 2 & -1 \\ 2 & -2-\lambda & 2 \\ -1 & 2 & 1-\lambda\end{vmatrix}$

$=(1-\lambda)^2(-2-\lambda)-4-4-4(1-\lambda)-4(1-\lambda)-(-2-\lambda)$

$=-(\lambda-2)^2(\lambda+4)=0$

を解いて $\lambda=-4,\ 2$ (重複度 2).

求める固有ベクトルを $\begin{bmatrix}x\\y\\z\end{bmatrix}$ とおく.

(1) 固有値 -4 のとき

$\begin{bmatrix}1&2&-1\\2&-2&2\\-1&2&1\end{bmatrix}\begin{bmatrix}x\\y\\z\end{bmatrix}=-4\begin{bmatrix}x\\y\\z\end{bmatrix}$ より $\begin{cases}x+2y-z=-4x & \cdots ① \\ 2x-2y+2z=-4y & \cdots ② \\ -x+2y+z=-4z & \cdots ③\end{cases}$

①$-$③ より $x=z$,②に代入して $y=-2z$ となる.$x=s$ (s:実数,$s\neq 0$) とおくと $y=-2x,\ z=s$.

$$\begin{bmatrix} x \\ y \\ z \end{bmatrix} = \begin{bmatrix} s \\ -2s \\ s \end{bmatrix} = s \begin{bmatrix} 1 \\ -2 \\ 1 \end{bmatrix}.$$

よって固有値 -4 に対応する固有ベクトルは $\begin{bmatrix} 1 \\ -2 \\ 1 \end{bmatrix}$.

(2) 固有値 2 のとき

$$\begin{bmatrix} 1 & 2 & -1 \\ 2 & -2 & 2 \\ -1 & 2 & 1 \end{bmatrix} \begin{bmatrix} x \\ y \\ z \end{bmatrix} = 2 \begin{bmatrix} x \\ y \\ z \end{bmatrix} \quad \text{より} \quad \begin{cases} x + 2y - z = 2x \\ 2x - 2y + 2z = 2y \\ -x + 2y + z = 2z \end{cases}$$

これから $z = x + 2y$ を得る. $x = t, y = u$ (t, u : 実数, $(t, u) \neq (0, 0)$) とおくと $z = -t + 2u$ となり

$$\begin{bmatrix} x \\ y \\ z \end{bmatrix} = \begin{bmatrix} t \\ u \\ -t + 2u \end{bmatrix} = t \begin{bmatrix} 1 \\ 0 \\ -1 \end{bmatrix} + u \begin{bmatrix} 0 \\ 1 \\ 2 \end{bmatrix}.$$

よって固有値 2 に対応する固有ベクトルは $\begin{bmatrix} 1 \\ 0 \\ -1 \end{bmatrix}$ と $\begin{bmatrix} 0 \\ 1 \\ 2 \end{bmatrix}$.

Step. 2 今, $\begin{bmatrix} 1 \\ -2 \\ 1 \end{bmatrix}$ と $\begin{bmatrix} 1 \\ 0 \\ -1 \end{bmatrix}$ は直交しているのでそれぞれを正規化すればよく,

$$\left\| \begin{bmatrix} 1 \\ -2 \\ 1 \end{bmatrix} \right\| = \sqrt{1 + 4 + 1} = \sqrt{6}.$$

よって, $\dfrac{\begin{bmatrix} 1 \\ -2 \\ 1 \end{bmatrix}}{\left\| \begin{bmatrix} 1 \\ -2 \\ 1 \end{bmatrix} \right\|} = \dfrac{1}{\sqrt{6}} \begin{bmatrix} 1 \\ -2 \\ 1 \end{bmatrix}.$

6.4 対称行列の対角化

同様にして $\dfrac{\begin{bmatrix}1\\0\\-1\end{bmatrix}}{\left\|\begin{bmatrix}1\\0\\-1\end{bmatrix}\right\|} = \dfrac{1}{\sqrt{2}}\begin{bmatrix}1\\0\\-1\end{bmatrix}$.

最後にシュミットの直交化法の公式を適用する.

$$\begin{bmatrix}0\\1\\2\end{bmatrix} - \left(\begin{bmatrix}0\\1\\2\end{bmatrix} \cdot \dfrac{1}{\sqrt{6}}\begin{bmatrix}1\\-2\\1\end{bmatrix}\right)\dfrac{1}{\sqrt{6}}\begin{bmatrix}1\\-2\\1\end{bmatrix} - \left(\begin{bmatrix}0\\1\\2\end{bmatrix} \cdot \dfrac{1}{\sqrt{2}}\begin{bmatrix}1\\0\\-1\end{bmatrix}\right)\dfrac{1}{\sqrt{2}}\begin{bmatrix}1\\0\\-1\end{bmatrix}$$

$$= \begin{bmatrix}0\\1\\2\end{bmatrix} - \dfrac{1}{6}\cdot 0 \cdot \begin{bmatrix}1\\-2\\1\end{bmatrix} + \dfrac{1}{2}\cdot 2 \cdot \begin{bmatrix}1\\0\\-1\end{bmatrix} = \begin{bmatrix}1\\1\\1\end{bmatrix}.$$

正規化して, $\dfrac{\begin{bmatrix}1\\1\\1\end{bmatrix}}{\left\|\begin{bmatrix}1\\1\\1\end{bmatrix}\right\|} = \dfrac{1}{\sqrt{3}}\begin{bmatrix}1\\1\\1\end{bmatrix}$.

Step. 3 Step. 1, 2 より, $P = \begin{bmatrix}\dfrac{1}{\sqrt{6}} & \dfrac{1}{\sqrt{2}} & \dfrac{1}{\sqrt{3}} \\ -\dfrac{2}{\sqrt{6}} & 0 & \dfrac{1}{\sqrt{3}} \\ \dfrac{1}{\sqrt{6}} & -\dfrac{1}{\sqrt{2}} & \dfrac{1}{\sqrt{3}}\end{bmatrix}$ とおくとこれは直交行列で,

$$P^{-1}AP = \begin{bmatrix}-4 & 0 & 0 \\ 0 & 2 & 0 \\ 0 & 0 & 2\end{bmatrix}.$$

例えば順番を変えて $\begin{bmatrix}1\\0\\-1\end{bmatrix}, \begin{bmatrix}0\\1\\-2\end{bmatrix}, \begin{bmatrix}1\\-2\\1\end{bmatrix}$ で直交化しようと考えたとする. こ

のとき，$\begin{bmatrix} 1 \\ 0 \\ -1 \end{bmatrix}$ と $\begin{bmatrix} 0 \\ 1 \\ -2 \end{bmatrix}$ は直交していないため，最初からシュミットの正規直交化法を適用することになり，少し面倒である． □

問題 6.5 $A = \begin{bmatrix} 1 & 0 & 2 \\ 0 & 1 & 2 \\ 2 & 2 & -1 \end{bmatrix}$ を直交行列を用いて対角化せよ．

注意 6.8 重複度 3 の固有値の場合にはシュミットの正規直交化法をそのまま使う必要が生じるのでやや難しくなる．

6.5　2 次曲線の分類

6.5.1　2 次形式と 2 次曲線

最後に，直交行列による対称行列の対角化の応用として，2 次方程式と 2 次曲線のグラフについて学ぶ．これらの結果は物理学における振動論，相対論や統計学など多岐に渡って用いられている．

定義 6.6　**2 次方程式**
$$ax^2 + 2bxy + cy^2 + dx + ey + f = 0 \quad (a, b, \ldots, f : \text{実数})$$
に対する **2 次形式** とは変数が 2 次の項を取り出した多項式
$$ax^2 + 2bxy + cy^2$$
のことをいう．

これを「2 次方程式から取り出した 2 次形式」とよぶこともある．

例 6.11 $x^2 + 2xy - 5y^2 + 3x - y + 2 = 0$ に対する 2 次形式は
$$x^2 + 2xy - 5y^2.$$
□

2 次形式 $ax^2 + 2bx + cy^2$ は次のように行列表示できる．
$$ax^2 + 2bx + cy^2 = \begin{bmatrix} x & y \end{bmatrix} \begin{bmatrix} a & b \\ b & c \end{bmatrix} \begin{bmatrix} x \\ y \end{bmatrix}$$

例 6.12 2次形式 $x^2+2xy-5y^2$ の行列表示は $\begin{bmatrix} x & y \end{bmatrix} \begin{bmatrix} 1 & 1 \\ 1 & -5 \end{bmatrix} \begin{bmatrix} x \\ y \end{bmatrix}$. □

例題 6.7　2次形式

次の2次方程式から2次形式を取り出せ.
(1)　$3x^2+2xy+2y+y^2$
(2)　$x-y^2+1$
(3)　$9x^2-4xy+6y^2-10x-20y-5$

【解答】　(1)　$3x^2+2xy+y^2$
(2)　$-y^2$
(3)　$9x^2-4xy+6y^2$ □

問題 6.6　上の例題 6.7 の 2 次形式を行列表示せよ.

定義 6.7　2次方程式の解 (x, y) 全体が作る集合を **2 次曲線**とよぶ. この内, 楕円, 双曲線, 放物線は非退化 2 次曲線, それ以外を退化 2 次曲線（例: 2 直線）とよんでいる.

以下では非退化 2 次曲線のみを扱い, 単に 2 次曲線とよぶことにする.

2 次曲線の方程式が次の場合に, 2 次曲線が標準の位置にあるとよび, その式を**標準形**という.

(1)　楕円

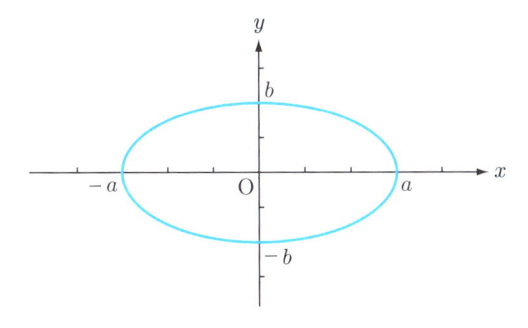

図 6.4　$\dfrac{x^2}{a^2}+\dfrac{y^2}{b^2}=1$

(2) 双曲線

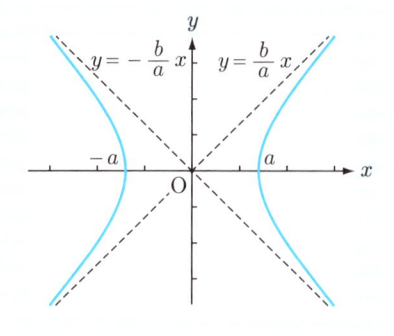

図 6.5 $\dfrac{x^2}{a^2} - \dfrac{y^2}{b^2} = 1$ $(a, b > 0)$

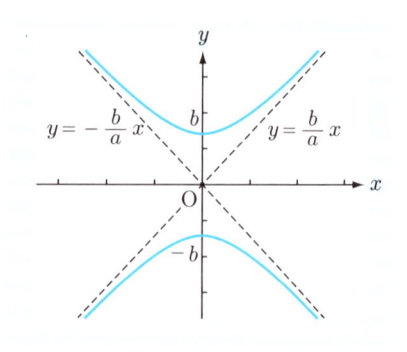

図 6.6 $\dfrac{x^2}{a^2} - \dfrac{y^2}{b^2} = -1$ $(a, b > 0)$

(3) 放物線

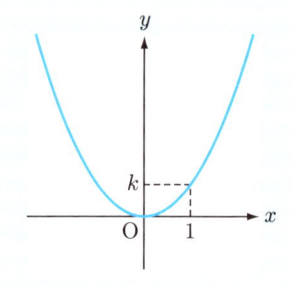

図 6.7 $y^2 = kx^2$, $k > 0$

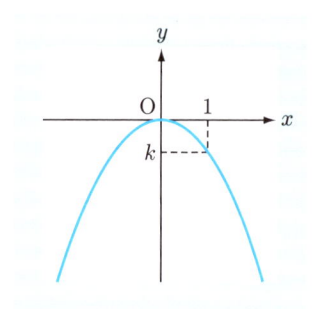

図 6.8 $y = kx^2$, $k < 0$

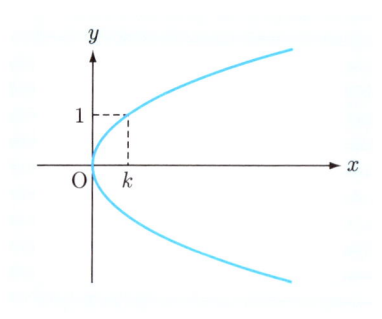

図 6.9 $x = ky^2$, $k > 0$

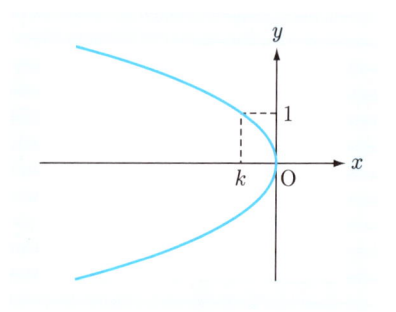

図 6.10 $x = ky^2$, $k < 0$

6.5 2次曲線の分類

例題 6.8　2次曲線

次の方程式はどのような図形になるか図示せよ．
(1)　$x^2 + 4y^2 - 36 = 0$
(2)　$x^2 - 4y^2 - 16 = 0$
(3)　$3x^2 + 2y = 0$

【解答】　式を変形して標準形に直してみる．

(1)　$\dfrac{x^2}{36} + \dfrac{y^2}{9} = \dfrac{x^2}{6^2} + \dfrac{y^2}{3^2} = 1$．よって図 6.11 のような楕円になる．

(2)　$\dfrac{x^2}{16} - \dfrac{y^2}{4} = \dfrac{x^2}{4^2} - \dfrac{y^2}{2^2} = 1$．よって図 6.12 のような双曲線になる．

(3)　$y = -\dfrac{3}{2}x^2$．よって図 6.13 のような放物線になる．

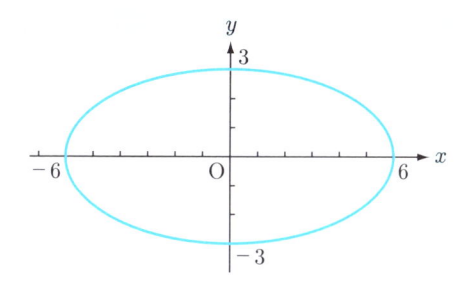

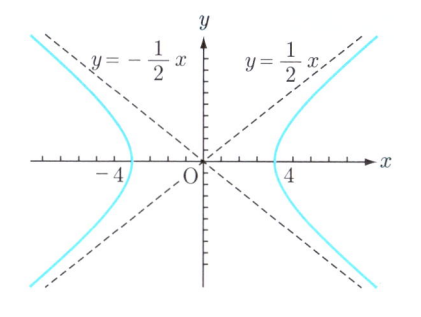

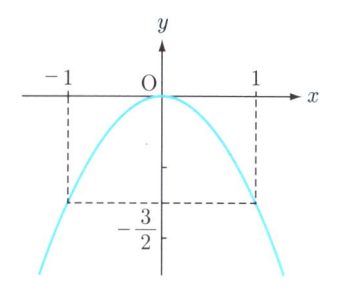

図 6.11

図 6.12

図 6.13

6.5.2 平行移動と回転

標準の位置にある 2 次曲線の方程式には x と x^2（または y と y^2）の項は同時に含まれない．もしこれらの項が含まれていたすると，標準の位置から「平行移動」させた図形が得られる．また，標準の位置にある 2 次曲線の方程式には xy の項は含まれていない．xy の項を追加すると標準の位置から「回転」させた図形が得られる．これらを合わせると次のことが言える．

一般の 2 次曲線のグラフは

$$\text{標準の位置から平行移動と回転の "合成"}$$

として得られる．

以下では具体的な定義式が与えられたとき，標準の位置からどのような平行や回転でグラフが得られるかを考えてみる．

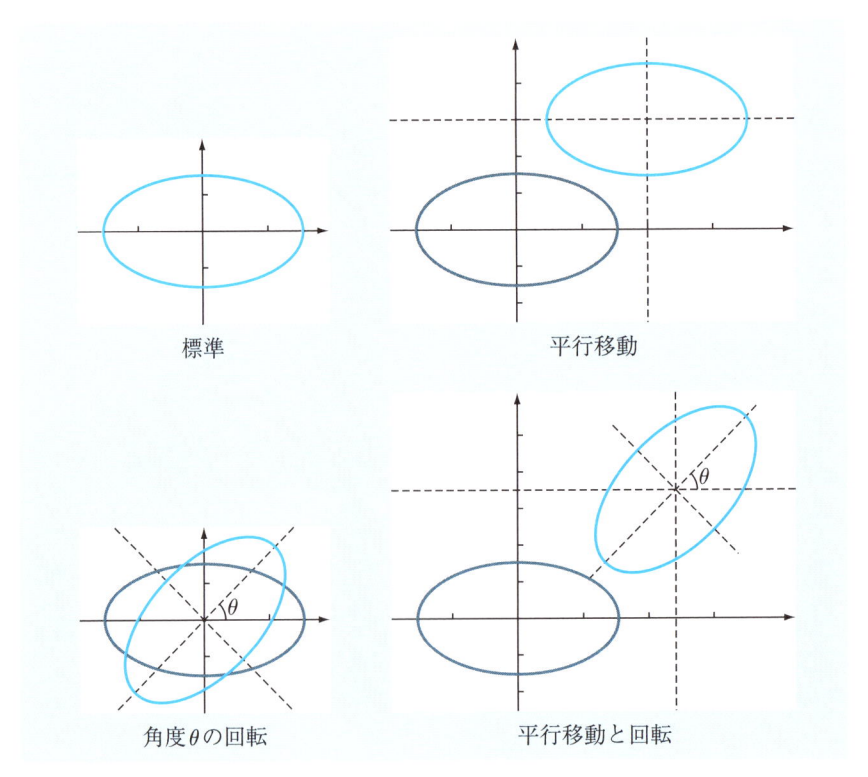

標準

平行移動

角度 θ の回転

平行移動と回転

図 6.14

6.5 2次曲線の分類

平行移動 定義式の x の代わりに $x-a$ を，y の代わりに $y-b$ を代入して得られる図形は，元の図形を x 軸の正の方向に a，y 軸の正の方向に b だけ平行移動して得られる．

例 6.13 双曲線 $x^2-y^2=1$ を x 軸の正の方向に 2，軸の負の方向に 1 だけ平行移動して得られる方程式は $(x-2)^2-(y+1)^2=1$ つまり $x^2-4x-y^2-2y+2=0$ である． □

例 6.14 $y+6=3(x-2)^2$，つまり $y=3x^2-12x+6$ は放物線 $y=3x^2$ を x 軸の正の方向に 2，y 軸の負の方向に 6 だけ平行移動して得られる． □

例題 6.9　平行移動
$2x^2+y^2-12x-2y+15=0$ はどのような図形になるか求めよ．

【解答】 与式を変形すると，
$$2(x^2-6x)+(y^2-2y)+15 = 2(x-3)^2-18+(y-1)^2-1+15$$
$$= 2(x-3)^2+(y-1)^2-4=0.$$

よって，
$$\frac{(x-3)^2}{(\sqrt{2})^2}+\frac{(y-1)^2}{2^2}=1.$$

求める図形は

楕円 $\dfrac{x^2}{(\sqrt{2})^2}+\dfrac{y^2}{2^2}=1$ を x 軸の正の方向に 3，y 軸の正の方向に 1 だけ平行移動したものである．

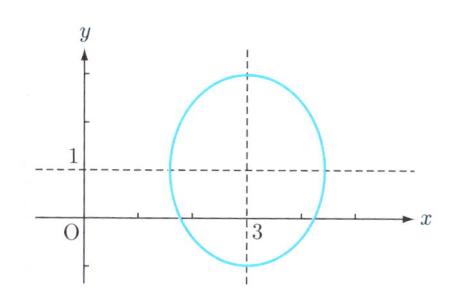

図 6.15

□

問題 6.7 $x^2 - y^2 + 2x - y + \dfrac{1}{4} = 0$ のグラフを求めよ.

> **回転**　xy 平面上のある点の位置ベクトル $\begin{bmatrix} x \\ y \end{bmatrix}$ を与えられた角 θ だけ原点のまわりに（反時計回りに）回転させ，対応する点の位置ベクトルを $\begin{bmatrix} X \\ Y \end{bmatrix}$ とする.

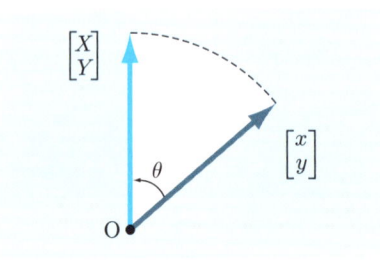

図 6.16

このとき，2 つのベクトルの間には次の関係がある.
$$\begin{bmatrix} X \\ Y \end{bmatrix} = \begin{bmatrix} \cos\theta & -\sin\theta \\ \sin\theta & \cos\theta \end{bmatrix} \begin{bmatrix} x \\ y \end{bmatrix}$$

例えば角 $\dfrac{\pi}{4}$ の回転を表す行列は $\begin{bmatrix} \dfrac{1}{\sqrt{2}} & -\dfrac{1}{\sqrt{2}} \\ \dfrac{1}{\sqrt{2}} & \dfrac{1}{\sqrt{2}} \end{bmatrix}$ で与えられる.

> **回転の合成**　原点のまわりに角 α の回転をした後に角 β だけ回転をしても，一度に角 $\alpha + \beta$ だけ回転をしても同じベクトルが得られるはずである. したがって，
> $$\begin{bmatrix} \cos(\alpha+\beta) & -\sin(\alpha+\beta) \\ \sin(\alpha+\beta) & \cos(\alpha+\beta) \end{bmatrix} = \begin{bmatrix} \cos\alpha & -\sin\alpha \\ \sin\alpha & \cos\alpha \end{bmatrix} \begin{bmatrix} \cos\beta & -\sin\beta \\ \sin\beta & \cos\beta \end{bmatrix}$$
> $$= \begin{bmatrix} \cos\alpha\cos\beta - \sin\alpha\sin\beta & -\sin\alpha\cos\beta - \cos\alpha\sin\beta \\ \cos\alpha\sin\beta + \sin\alpha\cos\beta & -\sin\alpha\sin\beta + \cos\alpha\cos\beta \end{bmatrix}$$

これにより三角関数の加法定理が得られる.

定理 6.8 三角関数の加法定理
$$\sin(\alpha + \beta) = \sin\alpha\cos\beta + \cos\alpha\sin\beta$$
$$\cos(\alpha + \beta) = \cos\alpha\cos\beta - \sin\alpha\sin\beta$$

逆に 2 次曲線の定義式が最初に与えられている場合は，次の手順で回転角を求めることができる.

Step. 1 $ax^2 + 2bx + cy^2$ を行列表示する.

$$ax^2 + 2bx + cy^2 = \begin{bmatrix} x & y \end{bmatrix} \begin{bmatrix} a & b \\ b & c \end{bmatrix} \begin{bmatrix} x \\ y \end{bmatrix}$$

Step. 2 $\begin{bmatrix} a & b \\ b & c \end{bmatrix} = A$ とおく.

対称行列 A を，$\det P = 1$ となる正規直交行列 P で対角化する.

$$P^{-1}AP = \begin{bmatrix} \alpha & 0 \\ 0 & \beta \end{bmatrix}$$

Step. 3 $\begin{bmatrix} X \\ Y \end{bmatrix} = P^{-1}\begin{bmatrix} x \\ y \end{bmatrix}$ とおくと，$\begin{bmatrix} x \\ y \end{bmatrix} = P\begin{bmatrix} X \\ Y \end{bmatrix}$ となるので代入して，

$$ax^2 + 2bxy + cy^2 = {}^t\!\left(P\begin{bmatrix} X \\ Y \end{bmatrix}\right)AP\begin{bmatrix} X \\ Y \end{bmatrix}$$
$$= \begin{bmatrix} X & Y \end{bmatrix} {}^t\!PAP \begin{bmatrix} X \\ Y \end{bmatrix}$$
$$= \begin{bmatrix} X & Y \end{bmatrix} \begin{bmatrix} \alpha & 0 \\ 0 & \beta \end{bmatrix} \begin{bmatrix} X \\ Y \end{bmatrix}$$
$$= \alpha X^2 + \beta Y^2$$

以上の操作により，2 次曲線の標準形が得られた.

第 6 章　固有値と対角化

注意 6.9 このとき，X, Y 軸は元の x, y 軸を原点のまわりに角度 θ だけ反時計回りに回転させて得られる．ただし，θ は $P = \begin{bmatrix} \cos\theta & -\sin\theta \\ \sin\theta & \cos\theta \end{bmatrix}$ を満たす角．

例題 6.10　回転

放物線 $y = x^2$ を原点のまわりに $\dfrac{\pi}{4}$ だけ回転させたとき，得られる図形の定義式を求めよ．

【解答】 問題の操作によって $\begin{bmatrix} x \\ y \end{bmatrix}$ が $\begin{bmatrix} X \\ Y \end{bmatrix}$ に移ったとする．このとき

$$\begin{bmatrix} X \\ Y \end{bmatrix} = \begin{bmatrix} \dfrac{1}{\sqrt{2}} & -\dfrac{1}{\sqrt{2}} \\ \dfrac{1}{\sqrt{2}} & \dfrac{1}{\sqrt{2}} \end{bmatrix} \begin{bmatrix} x \\ y \end{bmatrix}.$$

両辺に左側から $\begin{bmatrix} \dfrac{1}{\sqrt{2}} & -\dfrac{1}{\sqrt{2}} \\ \dfrac{1}{\sqrt{2}} & \dfrac{1}{\sqrt{2}} \end{bmatrix}^{-1}$ を掛けて（あるいは $-\dfrac{\pi}{4}$ 回転すれば元に戻ると考えてもよい．）

$$\begin{bmatrix} x \\ y \end{bmatrix} = \begin{bmatrix} \dfrac{1}{\sqrt{2}} & \dfrac{1}{\sqrt{2}} \\ -\dfrac{1}{\sqrt{2}} & \dfrac{1}{\sqrt{2}} \end{bmatrix} \begin{bmatrix} X \\ Y \end{bmatrix}.$$

$x = \dfrac{1}{\sqrt{2}}(X + Y)$, $y = \dfrac{1}{\sqrt{2}}(-X + Y)$ を元の式に代入して

$$\dfrac{1}{\sqrt{2}}(-X + Y) = \dfrac{1}{2}(X + Y)^2.$$

これを整理して $Y^2 + 2XY + X^2 + \sqrt{2}X - \sqrt{2}Y = 0$ を得る．

よって求める図形の定義式は $y^2 + 2xy + x^2 + \sqrt{2}\,x - \sqrt{2}\,y = 0$. □

問題 6.8 $4x^2 + 4xy + 4y^2 = 1$ のグラフを求めよ．

第6章　演習問題

演習 6.1　3次のケーリー-ハミルトンの定理

3次正方行列 $A = \begin{bmatrix} a_{11} & a_{12} & a_{13} \\ a_{21} & a_{22} & a_{23} \\ a_{31} & a_{32} & a_{33} \end{bmatrix}$ のケーリー-ハミルトンの定理が

$$A^3 - (a_{11} + a_{12} + a_{13})A^2 + (\widetilde{a_{11}} + \widetilde{a_{22}} + \widetilde{a_{33}})A - (\det A)E = O$$

となることを A の固有方程式を計算して求めよ．

また，$A = \begin{bmatrix} 1 & 0 & 0 \\ 2 & 0 & -1 \\ 0 & 2 & 3 \end{bmatrix}$ のときに実際に定理が成り立つことを確かめよ．

演習 6.2　実数 $a > b > c > 0$ に対し，行列 $\begin{bmatrix} a & 0 & c \\ 0 & b & 0 \\ c & 0 & a \end{bmatrix}$ の固有値はすべて正になることを示せ．

演習 6.3　$\begin{bmatrix} 4 & -3 & 0 & 1 \\ 1 & 1 & 0 & 0 \\ 0 & 1 & 4 & -3 \\ 0 & 1 & 1 & 0 \end{bmatrix}$ は対角化可能か．可能ならばそれを示し，可能でないならば理由とともに述べよ．

演習 6.4　回転と平行移動の組み合わせ I

$x^2 - y^2$ を原点のまわりに $\dfrac{\pi}{3}$ 回転させた後，x 軸の正の方向に 2，y 軸の負の方向に 1 だけ平行移動させて得られる 2 次曲線の方程式を求めよ．

演習 6.5　回転と平行移動の組み合わせ II

$9x^2 - 4xy + 6y^2 - 10x - 20y - 5 = 0$ はどのような 2 次曲線か求めよ．

付　録

■ A.1　ベクトルの外積

ベクトルの外積は物理学，工学で広く使われている．ここでは3次元の場合を取り扱う．

> **定義 A.1**　3次元実ベクトル空間 $\mathbb{R}^3$ 内の2つのベクトル
> $$\boldsymbol{x} = \begin{bmatrix} x_1 \\ x_2 \\ x_3 \end{bmatrix}, \quad \boldsymbol{y} = \begin{bmatrix} y_1 \\ y_2 \\ y_3 \end{bmatrix}$$
> の外積とは
> $$\boldsymbol{x} \times \boldsymbol{y} = \begin{bmatrix} \begin{vmatrix} x_2 & y_2 \\ x_3 & y_3 \end{vmatrix} \\ -\begin{vmatrix} x_1 & y_1 \\ x_3 & y_3 \end{vmatrix} \\ \begin{vmatrix} x_1 & y_1 \\ x_2 & y_2 \end{vmatrix} \end{bmatrix} = \begin{bmatrix} x_2 y_3 - y_3 x_2 \\ x_3 y_1 - x_1 y_3 \\ x_1 y_2 - x_2 y_1 \end{bmatrix}$$
> で定義されるベクトルのことをよぶ．

例 A.1　$\begin{bmatrix} 1 \\ 2 \\ 3 \end{bmatrix} \times \begin{bmatrix} 4 \\ 5 \\ 6 \end{bmatrix} = \begin{bmatrix} 2 \cdot 6 - 3 \cdot 5 \\ -(1 \cdot 6 - 3 \cdot 4) \\ 1 \cdot 5 - 2 \cdot 4 \end{bmatrix} = \begin{bmatrix} -3 \\ 6 \\ -3 \end{bmatrix}$ □

例 A.2　$\boldsymbol{x} = \begin{bmatrix} x_1 \\ x_2 \\ x_3 \end{bmatrix}, \boldsymbol{y} = \begin{bmatrix} y_1 \\ y_2 \\ y_3 \end{bmatrix}, \boldsymbol{z} = \begin{bmatrix} z_1 \\ z_2 \\ z_3 \end{bmatrix}$ に対し，

A.1 ベクトルの外積

$$\boldsymbol{x}\cdot(\boldsymbol{y}\times\boldsymbol{z}) = \begin{vmatrix} x_1 & y_1 & z_1 \\ x_2 & y_2 & z_2 \\ x_3 & y_3 & z_3 \end{vmatrix}$$

□

例題 A.1　ベクトルの外積

次の外積を求めよ.
(1) $\boldsymbol{e}_1 \times \boldsymbol{e}_2,\ \boldsymbol{e}_2 \times \boldsymbol{e}_3,\ \boldsymbol{e}_3 \times \boldsymbol{e}_1$　　(2) $\boldsymbol{e}_3 \times \boldsymbol{e}_2$　　(3) $\boldsymbol{e}_1 \times \boldsymbol{e}_1$

【解答】 (1) $\boldsymbol{e}_1 \times \boldsymbol{e}_2 = \begin{bmatrix} 0\cdot 0 - 1\cdot 0 \\ -(1\cdot 0 - 0\cdot 0) \\ 1\cdot 1 - 0\cdot 0 \end{bmatrix} = \begin{bmatrix} 0 \\ 0 \\ 1 \end{bmatrix} = \boldsymbol{e}_3.$

同様にして $\boldsymbol{e}_2 \times \boldsymbol{e}_3 = \boldsymbol{e}_1,\quad \boldsymbol{e}_3 \times \boldsymbol{e}_1 = \boldsymbol{e}_2.$

(2) $\boldsymbol{e}_3 \times \boldsymbol{e}_2 = \begin{bmatrix} 0\cdot 0 - 1\cdot 1 \\ -(0\cdot 0 - 0\cdot 1) \\ 0\cdot 1 - 0\cdot 0 \end{bmatrix} = -\boldsymbol{e}_1.$

(3) $\boldsymbol{e}_1 \times \boldsymbol{e}_1 = \begin{bmatrix} 0\cdot 0 - 0\cdot 0 \\ -(1\cdot 1 - 0\cdot 0) \\ 1\cdot 0 - 1\cdot 0 \end{bmatrix} = \boldsymbol{0}.$

□

定理 A.1　ベクトルの外積の基本性質

$\forall \boldsymbol{x},\ \forall \boldsymbol{y},\ \forall \boldsymbol{z} \in \mathbb{R}^3$ および $\forall k \in \mathbb{R}$ に対し次が成り立つ.

(1) $\boldsymbol{x} \times \boldsymbol{y} = -\boldsymbol{x} \times \boldsymbol{y}$
(2) $\boldsymbol{x} \times (\boldsymbol{y} + \boldsymbol{z}) = \boldsymbol{x} \times \boldsymbol{y} + \boldsymbol{x} \times \boldsymbol{z}$
　　$(\boldsymbol{x} + \boldsymbol{y}) \times \boldsymbol{z} = \boldsymbol{x} \times \boldsymbol{z} + \boldsymbol{y} \times \boldsymbol{z}$
(3) $k(\boldsymbol{x} \times \boldsymbol{y}) = (k\boldsymbol{x}) \times \boldsymbol{y} = \boldsymbol{x} \times (k\boldsymbol{y})$
(4) $\boldsymbol{x} \cdot (\boldsymbol{x} \times \boldsymbol{y}) = 0,\quad \boldsymbol{y} \cdot (\boldsymbol{x} \times \boldsymbol{y}) = 0$
(5) $\boldsymbol{x} \times \boldsymbol{y} = \boldsymbol{0} \implies \boldsymbol{x}$ と $\boldsymbol{y}$ は平行
(6) $\boldsymbol{x} \cdot (\boldsymbol{y} \times \boldsymbol{z}) = 0 \implies \boldsymbol{x},\ \boldsymbol{y},\ \boldsymbol{z}$ は 1 次独立
(7) $\|\boldsymbol{x} \times \boldsymbol{y}\| = \|\boldsymbol{x}\|\|\boldsymbol{y}\| - (\boldsymbol{x} \cdot \boldsymbol{y})^2 = \begin{vmatrix} \boldsymbol{x} \cdot \boldsymbol{x} & \boldsymbol{x} \cdot \boldsymbol{y} \\ \boldsymbol{y} \cdot \boldsymbol{x} & \boldsymbol{y} \cdot \boldsymbol{y} \end{vmatrix}$

証明は各辺を実際に計算し比較することで得られる. 特に (3), (4), (5), (6) は例 A.2 より直ちに導かれる.

注意 A.1 $(x \times y) \times z = x \times (y \times z)$ とは限らない．実際，
$$(e_1 \times e_2) \times e_2 = e_3 \times e_2 = -e_1, \quad e_1 \times (e_2 \times e_2) = e_1 \times 0 = 0.$$

上の定理よりベクトルの外積は次の性質を持つベクトルであることがわかる．

(1) $x \times y$ は x や y と直交するベクトル
(2) $x \times y$ のノルムは x と y のなす平行四辺形の面積に等しい
(3) $x \times y$ の向きは x から y へ右ねじが進む向きと同じ

最後に内積と外積の関係式としてラグランジュの公式を述べる．これも各辺の成分比較により求められる．

定理 A.2　ラグランジュの公式

$$(x \times y) \cdot (a \times b) = \begin{vmatrix} x \cdot a & x \cdot b \\ y \cdot a & y \cdot b \end{vmatrix}$$

A.2　連立 1 次方程式の解法

一般の n 個の変数 $x_1, x_2, \ldots, x_n$ に関する連立方程式

$$\begin{cases} a_{11}x_1 + a_{12}x_2 + \cdots + a_{1n}x_n = b_1 \\ a_{21}x_1 + a_{22}x_2 + \cdots + a_{2n}x_n = b_2 \\ \quad \vdots \\ a_{n1}x_1 + a_{n2}x_2 + \cdots + a_{nn}x_n = b_n \end{cases}$$

を行変形し，掃き出し法で求める場合に「一体どこまで変形すればよいのか？」という疑問が浮かぶと思う．今，解が存在する場合のみを考える．一意に存在する場合には拡大係数行列の左側が単位行列になるまで変形を続けていた．それでは，解が無数に存在する場合にはどうすればよいのだろうか？

すべての行列は行基本変形で階段行列にすることができるということはすでに学んでいる．このとき，先頭の数字が 1 になるようにした上で，その上下にある数を全て 0 にする．例えば，4 章の例題 4.10 を考えてみよう．

連立方程式
$$\begin{cases} x + 2y + 2z = 3 \\ 2x + 3y + 5z = 6 \\ 4x + 7y + 9z = 12 \end{cases}$$

A.2 連立 1 次方程式の解法

の拡大係数行列に対する行基本変形を例題解答で止めた所からさらに続けると

$$\begin{bmatrix} 1 & 2 & 2 & 3 \\ 0 & 1 & -1 & 0 \\ 0 & 0 & 0 & 0 \end{bmatrix} \begin{matrix} \cdots ① \\ \cdots ② \\ \cdots ③ \end{matrix} \xrightarrow{① - ② \times 2} \begin{bmatrix} 1 & 0 & 4 & 3 \\ 0 & 1 & -1 & 0 \\ 0 & 0 & 0 & 0 \end{bmatrix}$$

となる.左上に 2 次の単位行列ができているのがわかる.

この段階まで来たら次の定理を用いることで,連立方程式の形に戻さずただちに解が得られる.

定理 A.3 n 個の変数 $x_1, x_2, \ldots, x_n$ に関する連立方程式の拡大係数行列を行基本変形して次が得られたとする.

$$A = \begin{bmatrix} 1 & 0 & \cdots & 0 & p_{1,\,r+1} & \cdots & p_{1,\,n} & q_1 \\ 0 & 1 & \ddots & \vdots & p_{2,\,r+1} & \cdots & p_{2,\,n} & q_2 \\ \vdots & \ddots & \ddots & 0 & \vdots & \ddots & \vdots & \vdots \\ 0 & \cdots & 0 & 1 & p_{r,\,r+1} & \cdots & p_{r,\,n} & q_r \\ 0 & \cdots & 0 & \cdots & 0 & \cdots & 0 & 0 \\ \vdots & & & & & & \vdots & \vdots \\ 0 & \cdots & 0 & \cdots & 0 & \cdots & 0 & 0 \end{bmatrix}$$

このとき,n 次元ベクトルたちを

$$\boldsymbol{p}_1 = \begin{bmatrix} -p_{1,\,r+1} \\ -p_{2,\,r+1} \\ \vdots \\ -p_{r,\,r+1} \\ 1 \\ 0 \\ 0 \\ \vdots \\ 0 \end{bmatrix},\ \boldsymbol{p}_2 = \begin{bmatrix} -p_{1,\,r+2} \\ -p_{2,\,r+2} \\ \vdots \\ -p_{r,\,r+2} \\ 0 \\ 1 \\ 0 \\ \vdots \\ 0 \end{bmatrix},\ \ldots,\ \boldsymbol{p}_{n-r} = \begin{bmatrix} -p_{1,\,n} \\ -p_{2,\,n} \\ \vdots \\ -p_{r,\,n} \\ 0 \\ 0 \\ 0 \\ \vdots \\ 1 \end{bmatrix},\ \boldsymbol{q} = \begin{bmatrix} q_1 \\ q_2 \\ \vdots \\ q_r \\ 0 \\ 0 \\ \vdots \\ 0 \end{bmatrix}$$

とおくとき,求める解は実数 $k_1, k_2, \ldots, k_{n-r}$ を用いて

$$\begin{bmatrix} x_1 \\ x_2 \\ \vdots \\ x_n \end{bmatrix} = \boldsymbol{q} + k_1 \boldsymbol{p}_1 + \cdots + k_{n-r} \boldsymbol{p}_{n-r}$$

で与えられる.

場合によっては「列の入れ替え」が必要になってくる.例えば基本変形の結果

$\begin{bmatrix} 1 & 0 & 3 & 0 & 1 & | & 2 \\ 0 & 1 & 2 & 0 & 0 & | & 1 \\ 0 & 0 & 0 & 1 & 1 & | & 3 \end{bmatrix}$ となったとする.このときには連立方程式

$$\begin{cases} x + 3z + v = 2 \\ y + 2z = 1 \\ u + v = 3 \end{cases}$$

の解と,連立方程式

$$\begin{cases} x + v + 3z = 2 \\ y + 2z = 1 \\ v + u = 3 \end{cases}$$

の解は等しいと考えて定理を適用する.

具体的には次の手順で求められる.

Step. 1
行基本変形により A の形が得られたとき,必要な行数の(横)零ベクトルを付け加える.
($0x_1 + 0x_2 + \cdots + 0x_n = 0$ を連立方程式にいくら付け加えても解は変わらない.)

Step. 2
左側にある単位列ベクトル以外の列ベクトルをすべて (-1) 倍する.
(左辺から右辺へと移項したのと同じ.)

Step. 3
Step. 2 の各列ベクトルに対応する変数の位置を 0 から 1 に変える.
(たとえば,x_r を変数 k_1 と置くのと同じことになる.)

A.2 連立1次方程式の解法

再び例題 4.10 に戻ってみよう.

変数は x, y, z であったので 0 は加えなくてよい (**Step. 1**).

$\begin{bmatrix} 4 \\ -1 \\ 0 \end{bmatrix}$ を (-1) 倍して $\begin{bmatrix} -4 \\ 1 \\ 0 \end{bmatrix}$ (**Step. 2**).

$\begin{bmatrix} 4 \\ -1 \\ 0 \end{bmatrix}$ は z の (係数の) 列なのでその位置の 0 を 1 に変えて $\begin{bmatrix} -4 \\ 1 \\ 1 \end{bmatrix}$ (**Step. 3**).

以上により求める解は $\begin{bmatrix} x \\ y \\ z \end{bmatrix} = \begin{bmatrix} 3 \\ 0 \\ 0 \end{bmatrix} + k \begin{bmatrix} -4 \\ 1 \\ 1 \end{bmatrix}$ (k : 実数).

注意 A.2 実際には各 Step は頭の中で考え, 答えのみを書けばよい.

例題 A.2 一般の連立方程式 II

連立方程式 $\begin{cases} x + 2y + 3z + 5v = 0 \\ y - 2z + 2v = -1 \\ y - 2z + u + 2v = 1 \end{cases}$ の解を求めよ.

【解答】 拡大係数行列を行基本変形すると

$\begin{bmatrix} 1 & 2 & 3 & 0 & 5 & | & 0 \\ 0 & 1 & -2 & 0 & 2 & | & -1 \\ 0 & 1 & -2 & 1 & 2 & | & 1 \end{bmatrix} \begin{matrix} \cdots ① \\ \cdots ② \\ \cdots ③ \end{matrix} \xrightarrow{③-②} \begin{bmatrix} 1 & 2 & 3 & 0 & 5 & | & 0 \\ 0 & 1 & -2 & 0 & 2 & | & -1 \\ 0 & 0 & 0 & 1 & 0 & | & 2 \end{bmatrix}$

$\xrightarrow{①-②\times 2} \begin{bmatrix} 1 & 0 & 7 & 0 & 1 & | & 2 \\ 0 & 1 & -2 & 0 & 2 & | & -1 \\ 0 & 0 & 0 & 1 & 0 & | & 2 \end{bmatrix}$

z の列と u の列を入れ替えて考えて, 求める解は

$\begin{bmatrix} x \\ y \\ z \\ u \\ v \end{bmatrix} = \begin{bmatrix} 2 \\ -1 \\ 0 \\ 2 \\ 0 \end{bmatrix} + s \begin{bmatrix} -7 \\ 2 \\ 1 \\ 0 \\ 0 \end{bmatrix} + t \begin{bmatrix} -1 \\ -2 \\ 0 \\ 0 \\ 1 \end{bmatrix}$ (s, t : 実数). □

A.3 単体法

いくつかの変数に対する条件式を伴う関数の最大値や最小値を求める問題に対する解法の1つとして単体法について学ぶ．1947年に後にアメリカ経営学会会長となるダンツィグ（G. Dantzig, ダンツィクともよむ）がアメリカ空軍用の輸送配分計画を主目的としてこの単体法（シンプレックス法）を確立したといわれている．

以下では最大値や最小値を求める関数を**目的関数**，与えられた条件を**制約条件**とよぶ．さらに，制約条件には独立なもののみを考えることにしている．例えば $x+y \leq 1$ と $2x-y \leq 1$ は独立な条件だが，$x+y \leq 1$ と $2x+2y \leq 2$ は独立ではない．

> **定義 A.2** 変数 x に対し，制約条件を満たすすべての非負解を**可能解**とよぶ．さらに目的関数を最大または最小にするような可能解 x を**最適解**とよぶ．この最適解を決定する方法を**線形計画法**またはLP法 (linear programming) とよばれる．

具体的には次の型をもつ行列たち $A : m \times n$, $b : m \times 1$, $c : n \times 1$, $x : n \times 1$ に対して

> 制約条件 $Ax \leq b$ のもとで目的関数
> $$g = c \cdot x \quad (x \geq 0)$$
> が最大となる x

を求めることを**最大計画**といい，逆に

> 制約条件 $Ax \geq b$ のもとで目的関数
> $$g = c \cdot x \ (x \geq 0)$$
> が最小となる x

を求めることを**最小計画**という．

> **定理 A.4　双対定理**
> 最大計画に最適解が存在するのは，対応する最小計画に最適解が存在するただそのときに限られる．このとき，2つの最適解の数値は一致する．

最小計画は上の双対定理により最大計画を求めることと同一視できるので（詳しくは専門の本を参照されたい），以下では最大計画のみ考える．

まず，考えている問題の条件を少し操作し，同じ解が出てくる別の問題に帰着させる．

制約条件の操作

(1) 不等式の向きを変える：$x - 2y \geq -3 \Longrightarrow -x + 2y \leq 3$
(2) 等式を不等式にする：$2x + y = 1 \Longrightarrow 2x + y \leq 1$
(3) 不等式を等式にする：$x - 2y \leq 3 \Longrightarrow x - 2y + u = 3$ となる $u \geq 0$ が存在する．この u を**スラック関数**とよぶ．

注意 A.3 例えば在庫管理の問題の時に使われずに残っている材料はこのスラック関数で表現される．

これらの条件操作により $\leq$ の向きの不等式のみを考え，スラック関数の導入により一般の連立方程式として最大計画をとらえることができるようになった．

今，与えられた不等式がスラック関数を用いて制約条件

$$\begin{cases} x_1 x + y_1 y + u_1 + v_1 = c_1 \\ x_2 x + y_2 y + u_2 + v_2 = c_2 \\ x,\ y,\ u_1,\ u_2,\ v_1,\ v_2 \geq 0 \end{cases}$$

のもとで $g = -x_0 x - y_0 y$ の最大値 c_0 を求める問題に書き換えられたとする．このとき $x_0 x + y_0 y + g = c_0$ も加えて拡大係数行列表示したものが

$$\left[\begin{array}{ccccc|c} x_1 & y_1 & u_1 & v_1 & 0 & c_1 \\ x_2 & y_2 & u_2 & v_2 & 0 & c_2 \\ x_0 & y_0 & 0 & 0 & 1 & c_0 \end{array}\right]$$

である．このとき，一番右側の列は定数列，一番下の行は目的関数の行または目的行とよばれる．通常は $c_0 = 0$ から始め，変形後に c_0 の位置に求める最適解が出るようにする．

単体法

Step. 1 ［ピボット列の決定］
　目的行の各成分で負の値をとるものの中で絶対値が最大になるものを選ぶ（この成分を含む列をピボット列とよぶ）．
　全てが正になるときは c_0 が求める解なのでここで止める．
　今 y の列がピボット列であったとする．

Step. 2 ［ピボット行の決定］
　ピボット列の成分中各 $\dfrac{c_i}{y_i}$ の中から正の値であって最小になるものを選ぶ（こ

の成分を含む行を**ピボット行**，ピボット行とピボット列の交わりの成分を**ピボット**とよぶ）．

もし $\dfrac{c_i}{y_i}$ の中で正の値になるものがなければここで止める．このとき，求める解は無限に大きな値になる．

今 y_1 がピボットであったとする．

Step. 3 [行基本変形]

y_1 が 1, 他のピボット列の成分が 0 になるように行基本変形をする．

得られた新しい行列に対し上の **Step. 1〜3** を繰り返し，最終的に求める最大値が出る．

注意 A.4 **Step. 2** でピボット行の候補のうち，同じ値になるものが複数あるなどの場合には別の方法が必要になる．最後に得られた c_1, c_2 の位置にある数が実際に何を意味するかは次の例で解説する．

例 A.3 制約条件 $\begin{cases} 3x+2y \leq 8 \\ x+4y \leq 6 \end{cases}$ $(x, y \geq 0)$ のもとで $g=2x+y$ の最大値を求める．

スラック関数を u, v とし，制約条件を書き直す．

$$\begin{cases} 3x+2y+u=8 \\ x+4y+v=6 \\ g-2x-y=0 \end{cases}$$

これを拡大係数行列表示し，A とおくと，

$$A = \begin{bmatrix} 3 & 2 & 0 & 1 & 0 & 0 & 8 \\ 1 & 4 & 0 & 0 & 1 & 0 & 6 \\ -2 & -1 & 0 & 0 & 0 & 1 & 0 \end{bmatrix} \begin{matrix} \cdots① & u \text{ の行} \\ \cdots② & v \text{ の行} \\ \cdots③ & \text{目的行} \end{matrix}$$

が得られる．このとき 1 行目は係数が 1 である u を用いて $u=-3x-2y+8$ と書けることに注目し u の行とよぶ．同様に 2 行目は v の行となる．通常スラック関数の行から始める．このとき $u=8$, $v=6$ かつ残りの変数 x, y がともに 0 のとき $g=0$ であると解釈する．

考えている連立方程式は 5 変数の 3 つの式からなるので，そのうちのどれか 2 つの変数が 0 のときに解が一意に定まるというのが単体法のアイデアになっている．0 でない変数を**基底変数**，0 となる変数を非基底変数とよぶ．

A.3 単 体 法

Step. 1
目的行の負の成分でもっとも絶対値が大きいものは -2 なので，x の列がピボット列．

Step. 2
$8/3 \leq 6$ より u の行がピボット行となり，ピボット成分は 3．

Step. 3
ピボット成分が 1 となった時点で行の名前を変更する．つまり $u = -3x - 2y + 8$ から $x = -\frac{2}{3}y - \frac{1}{3}v + \frac{8}{3}$ になったと考える（**基底変数の取りかえ**）．

$$\begin{bmatrix} ① & \frac{2}{3} & 0 & \frac{1}{3} & 0 & 0 & \frac{8}{3} \\ 1 & 4 & 0 & 0 & 1 & 0 & 6 \\ -2 & -1 & 0 & 0 & 0 & 1 & 0 \end{bmatrix} \begin{array}{l} x \text{ の行} \\ v \text{ の行} \\ \text{目的行} \end{array}$$

基本変形により

$$A \xrightarrow[③+①\times 2]{②-①} \begin{bmatrix} 1 & \frac{2}{3} & 0 & \frac{1}{3} & 0 & 0 & \frac{8}{3} \\ 0 & \frac{10}{3} & 0 & -\frac{1}{3} & 1 & 0 & \frac{10}{3} \\ 0 & \frac{1}{3} & 0 & \frac{2}{3} & 0 & 1 & \frac{16}{3} \end{bmatrix} \begin{array}{l} x \text{ の行} \\ v \text{ の行} \\ \text{目的行} \end{array}$$

よって $x = \frac{8}{3}$，$y = 0$ のとき求める最大値は $\max g = \frac{16}{3}$ となる． □

注意 A.5 自分でおいたスラック関数は最適解には含めないので注意すること．

例題 A.3 3 変数の場合の単体法

制約条件 $\begin{cases} 6x + 3y + 4z \leq 24 \\ 0 \leq x,\ 0 \leq y,\ 0 \leq z \leq 3 \end{cases}$ のもとで $g = 3x + y + 5z$ の最大値を求めよ．

【解答】 $u,\ v,\ w$ をスラック変数として与式を等式に直すと

$$\begin{cases} 6x + 3y + 4z + u = 24 \\ y + v = 4 \\ z + w = 3 \\ -3x + y + 5z - g = 0 \\ x,\ y,\ z,\ u,\ v,\ w \geq 0 \end{cases}$$

となる．これを拡大係数行列表示し，A とおく．

$$A = \begin{bmatrix} x & y & z & u & v & w & g & \\ 6 & 3 & 4 & 1 & 0 & 0 & 0 & 24 \\ 0 & 1 & 0 & 0 & 1 & 0 & 0 & 4 \\ 0 & 0 & 1 & 0 & 0 & 1 & 0 & 3 \\ -3 & -1 & -5 & 0 & 0 & 0 & 1 & 0 \end{bmatrix} \begin{matrix} \\ u\text{の行} \\ v\text{の行} \\ w\text{の行} \\ \text{目的行} \end{matrix}$$

Step. 1

目的行の負の成分でもっとも絶対値が最大なものは -5 なので，z の列がピボット列．

Step. 2

$24/4 = 6$，$3/1 = 3$ より（0 では割れないので v の行は考えない）w の行がピボット行となり，ピボット成分は 1．

ピボット成分が 1 なのでこの時点で行列は

$$\begin{bmatrix} 6 & 3 & 4 & 1 & 0 & 0 & 0 & 24 \\ 0 & 1 & 0 & 0 & 1 & 0 & 0 & 4 \\ 0 & 0 & ① & 0 & 0 & 1 & 0 & 3 \\ -3 & -1 & -5 & 0 & 0 & 0 & 1 & 0 \end{bmatrix} \begin{matrix} u\text{の行} \\ v\text{の行} \\ z\text{の行} \\ \text{目的行} \end{matrix}$$

Step. 3

基本変形により

$$A \xrightarrow[④+③×5]{①-③×4} \begin{bmatrix} 6 & 3 & 4 & 1 & 0 & -4 & 0 & 24 \\ 0 & 1 & 0 & 0 & 1 & 0 & 0 & 4 \\ 0 & 0 & 1 & 0 & 0 & 1 & 0 & 3 \\ -3 & -1 & 0 & 0 & 0 & 5 & 1 & 15 \end{bmatrix} \begin{matrix} u\text{の行} \\ v\text{の行} \\ z\text{の行} \\ \text{目的行} \end{matrix}$$

上の行列を A' とする．A' に対し，再び **Step. 1** から繰り返す．

Step. 1, 2

ピボット列は x の列でピボット行は u の行．したがってピボットは 6 となる．A' を基本変形して

Step. 3

$$A' \xrightarrow{①×\frac{1}{6}} \begin{bmatrix} ① & \frac{1}{2} & 0 & \frac{1}{6} & 0 & -\frac{2}{3} & 0 & 2 \\ 0 & 1 & 0 & 0 & 1 & 0 & 0 & 4 \\ 0 & 0 & 1 & 0 & 0 & 1 & 0 & 3 \\ -3 & -1 & 0 & 0 & 0 & 5 & 1 & 15 \end{bmatrix} \begin{matrix} x\text{の行} \\ v\text{の行} \\ z\text{の行} \\ \text{目的行} \end{matrix}$$

A.4 基底の取りかえ行列と表現行列について

$$\xrightarrow{\text{④}+\text{①}\times 3} \left[\begin{array}{cccccc|c} 1 & \frac{1}{2} & 0 & \frac{1}{6} & 0 & -\frac{2}{3} & 0 & 2 \\ 0 & 1 & 0 & 0 & 1 & 0 & 0 & 4 \\ 0 & 0 & 1 & 0 & 0 & 1 & 0 & 3 \\ 0 & \frac{1}{2} & 0 & \frac{1}{2} & 0 & 3 & 1 & 21 \end{array}\right] \begin{array}{l} x \text{ の行} \\ v \text{ の行} \\ z \text{ の行} \\ \text{目的行} \end{array}$$

以上で目的行に負の項がなくなるのでここで止まる．よって求める最適解は，$x=2$, $y=0$, $z=3$ のときに $\max g = 21$. □

■ A.4　基底の取りかえ行列と表現行列について ■

定理 A.5　$f: V \to W$ を線形写像とする．V の 2 組の基底をそれぞれ $\mathcal{V} = \{\boldsymbol{v}_1, \boldsymbol{v}_2, \ldots, \boldsymbol{v}_m\}$, $\mathcal{V}' = \{\boldsymbol{v}'_1, \boldsymbol{v}'_2, \ldots, \boldsymbol{v}'_m\}$ とし，W の 2 組の基底をそれぞれ基底を $\mathcal{W} = \{\boldsymbol{w}_1, \boldsymbol{w}_2, \ldots, \boldsymbol{w}_n\}$, $\mathcal{W}' = \{\boldsymbol{w}'_1, \boldsymbol{w}'_2, \ldots, \boldsymbol{w}'_n\}$ とする．基底 $\mathcal{V}$ から $\mathcal{W}$ への f の表現行列を A，基底 $\mathcal{V}'$ から $\mathcal{W}'$ への f の表現行列を B とおく．このとき A と B の関係は次のようになる．

基底 $\mathcal{V}$ から $\mathcal{V}'$ への取りかえ行列を P，基底 $\mathcal{W}$ から $\mathcal{W}'$ への取りかえ行列を Q とおく．このとき

$$B = Q^{-1}AP$$

が成り立つ．

特に $V = W$ が $\mathbb{R}^n$ 内のベクトル空間の場合には次のように言い換えられる．

定理 A.6　$f: V \to V$ を $\mathbb{R}^n$ 上の線形写像とする．V の基底を $\mathcal{V} = \{\boldsymbol{v}_1, \boldsymbol{v}_2, \ldots, \boldsymbol{v}_n\}$, $\mathcal{W}' = \{\boldsymbol{w}'_1, \boldsymbol{w}'_2, \ldots, \boldsymbol{w}'_n\}$ とする．f の表現行列を A，基底 $\mathcal{V}$ に関する f の表現行列を B，標準基底から基底 $\mathcal{V}$ への取りかえ行列を P とおく．このとき

$$B = P^{-1}AP$$

が成り立つ．

定義 A.3　n 次正方行列 A, B に対し，ある正則行列 P が存在し，$B = P^{-1}AP$ となるとき，A と B は**相似**であるという．

したがって，上の定理は線形写像の表現行列は基底の取り方を除いてすべて相似であることを表していることになる．

解　答

■第1章

問題 1.1
(1, 1) 成分 $\frac{1-1}{1} = 0$,　(1, 2) 成分 $\frac{1-2}{1} = -1$,　(1, 3) 成分 $\frac{1-3}{1} = -2$

(2, 1) 成分 $\frac{2-1}{2} = \frac{1}{2}$,　(2, 2) 成分 $\frac{2-2}{2} = 0$,　(2, 3) 成分 $\frac{2-3}{2} = -\frac{1}{2}$

よって求める行列は
$$\begin{bmatrix} 0 & -1 & -2 \\ \frac{1}{2} & 0 & -\frac{1}{2} \end{bmatrix}$$

問題 1.2　(1)　$AB = \begin{bmatrix} 3 \cdot 1 - 4 \cdot 1 \\ -5 \cdot 1 + 6 \cdot 1 \end{bmatrix} = \begin{bmatrix} -1 \\ 1 \end{bmatrix}$,

BA は B の列の数が 1 で A の行の数が 2 となり異なるので定義されない.

(2)　$AB = \begin{bmatrix} 3 \cdot \frac{1}{2} - 2 \cdot 0 \end{bmatrix} = \begin{bmatrix} \frac{3}{2} \end{bmatrix}$,

$BA = \begin{bmatrix} \frac{1}{2} \cdot 3 & \frac{1}{2} \cdot (-2) \\ 0 \cdot 3 & 0 \cdot (-2) \end{bmatrix} = \begin{bmatrix} \frac{3}{2} & -1 \\ 0 & 0 \end{bmatrix}$

問題 1.3　求める行列は 2 次正方行列であるはずなので, これを $\begin{bmatrix} a & b \\ c & d \end{bmatrix}$ とおく. このとき

$$\begin{bmatrix} a & b \\ c & d \end{bmatrix} \begin{bmatrix} 1 & 1 \\ 0 & 1 \end{bmatrix} = \begin{bmatrix} 1 & 1 \\ 0 & 1 \end{bmatrix} \begin{bmatrix} a & b \\ c & d \end{bmatrix}.$$

つまり
$$\begin{bmatrix} a & a+b \\ c & c+d \end{bmatrix} = \begin{bmatrix} a+c & b+d \\ c & d \end{bmatrix}$$

各成分を比較して
$$\begin{cases} a = a+c \\ a+b = b+d \\ c+d = d \end{cases}$$

よって $a = d$, $c = 0$.

したがって, 求める行列は $\begin{bmatrix} a & b \\ 0 & a \end{bmatrix}$ (a, b : 任意の実数).

問題 1.4

$$\begin{bmatrix} 3 & -4 & 0 \\ 2 & -3 & 0 \\ 1 & -2 & 1 \end{bmatrix}^2 = \begin{bmatrix} 1 & 0 & 0 \\ 0 & 1 & 0 \\ 0 & 0 & 1 \end{bmatrix}$$

$$\begin{bmatrix} 3 & -4 & 0 \\ 2 & -3 & 0 \\ 1 & -2 & 1 \end{bmatrix}^3 = \begin{bmatrix} 1 & 0 & 0 \\ 0 & 1 & 0 \\ 0 & 0 & 1 \end{bmatrix} \begin{bmatrix} 3 & -4 & 0 \\ 2 & -3 & 0 \\ 1 & -2 & 1 \end{bmatrix} = \begin{bmatrix} 3 & -4 & 0 \\ 2 & -3 & 0 \\ 1 & -2 & 1 \end{bmatrix}$$

よって $\begin{bmatrix} 3 & -4 & 0 \\ 2 & -3 & 0 \\ 1 & -2 & 1 \end{bmatrix}^n$ は

$$E_3 \quad (n:偶数) \quad または \quad \begin{bmatrix} 3 & -4 & 0 \\ 2 & -3 & 0 \\ 1 & -2 & 1 \end{bmatrix} \quad (n:奇数)$$

■ 演習問題 ■

演習 1.1 $X = \dfrac{1}{2}(B-A) = \dfrac{1}{2}\begin{bmatrix} 1-7 & -8-4 \\ -6+2 & 3-1 \end{bmatrix} = \begin{bmatrix} -3 & -6 \\ -2 & 1 \end{bmatrix}$.

演習 1.2

$$\begin{bmatrix} 1+1+\sqrt{2}+\sqrt{2} & \dfrac{1}{\sqrt{2}}-\dfrac{1}{\sqrt{2}}+0+0 & 1+0-\dfrac{\sqrt{2}}{\sqrt{2}}+0 & \dfrac{1}{\sqrt{2}}+0+0-\dfrac{\sqrt{2}}{\sqrt{2}} \\ 1-1+\sqrt{2}-\sqrt{2} & \dfrac{1}{\sqrt{2}}+\dfrac{1}{\sqrt{2}}+0+0 & 1+0-\dfrac{\sqrt{2}}{\sqrt{2}}+0 & \dfrac{1}{\sqrt{2}}+0+0+\dfrac{-\sqrt{2}}{-\sqrt{2}} \\ 2+0-\sqrt{2}+0 & \dfrac{2}{\sqrt{2}}+0+0+0 & 2+0+\dfrac{-\sqrt{2}}{-\sqrt{2}}+0 & \dfrac{2}{\sqrt{2}}+0+0+0 \\ 0+2+0-\sqrt{2} & 0-\dfrac{\sqrt{2}}{2}+0+0 & 0+0+0+0 & 0+0+0+\dfrac{-\sqrt{2}}{-\sqrt{2}} \end{bmatrix}$$

$$= \begin{bmatrix} 2+2\sqrt{2} & 0 & 0 & \dfrac{1}{\sqrt{2}}-1 \\ 0 & \sqrt{2} & 0 & \dfrac{1}{\sqrt{2}}+1 \\ 2-\sqrt{2} & \sqrt{2} & 3 & \sqrt{2} \\ 2-\sqrt{2} & -\sqrt{2} & 0 & 1 \end{bmatrix}$$

演習 1.3

$$ABA = \begin{bmatrix} 2a-2b & -2a+2b \\ -2a+2b & 2a-2b \end{bmatrix} = \begin{bmatrix} 1 & -1 \\ -1 & 1 \end{bmatrix} \text{ より } 2a-2b=1.$$

$$BAB = \begin{bmatrix} (a-b)^2 & -(a-b)^2 \\ -(a-b)^2 & (a-b)^2 \end{bmatrix} = \begin{bmatrix} a & b \\ b & a \end{bmatrix} \text{ より } a=-b.$$

連立方程式 $\begin{cases} 2a-2b=1 \\ a=-b \end{cases}$ を解いて $a=\dfrac{1}{4},\ b=-\dfrac{1}{4}$.

よって $B = \begin{bmatrix} \dfrac{1}{4} & -\dfrac{1}{4} \\ -\dfrac{1}{4} & \dfrac{1}{4} \end{bmatrix}$.

演習 1.4 $AB = \begin{bmatrix} a+2c & b+2d \\ 3a+4c & 3b+4d \end{bmatrix}$ と $BA = \begin{bmatrix} a+3b & 2a+4d \\ c+3d & 2c+4d \end{bmatrix}$ の各成分を比較して

$$\begin{cases} a+2c = a+3b \\ 3a+4c = c+3d \\ b+2d = 2a+4d \\ 3b+4d = 2c+4d \end{cases}$$

を得る.整理すると

これが求める条件である.

第2章

問題 2.1 $P^{-1} = \begin{bmatrix} 1 & 1 \\ -2 & -3 \end{bmatrix}$ より

$$P^{-1}AP = \begin{bmatrix} 1 & 1 \\ -2 & -3 \end{bmatrix} \begin{bmatrix} 1 & 3 \\ -2 & -4 \end{bmatrix} \begin{bmatrix} 3 & 1 \\ -2 & -1 \end{bmatrix} = \begin{bmatrix} 1 & 1 \\ -2 & -3 \end{bmatrix} \begin{bmatrix} -3 & -2 \\ 2 & 2 \end{bmatrix}$$
$$= \begin{bmatrix} -1 & 0 \\ 0 & -2 \end{bmatrix}.$$

演習問題

演習 2.1 (1) $|A| = 2 \cdot 0 - 4 \cdot 1 = -4 \neq 0$ より逆行列は存在し,
$$A^{-1} = -\frac{1}{4} \begin{bmatrix} 0 & -4 \\ -1 & 2 \end{bmatrix} = \begin{bmatrix} 0 & 1 \\ \frac{1}{4} & -\frac{1}{2} \end{bmatrix}.$$

(2) $|B| = 8 \cdot 1 - 4 \cdot 2 = 0$ より,逆行列は存在しない.

演習 2.2 (1) $(E+X)^2 = (E+X)(E+X) = E^2 + XE + EX + X^2$
$$= E + X + X + X^2 = E + 2X + X^2.$$
よって題意は示された.

(2) 成り立たない.
$$(X+Y)(X-Y) = X^2 + YX - XY + Y^2.$$

これが $X^2 - Y^2$ と等しくなるためには $XY = YX$ が必要なので,例えば $X = \begin{bmatrix} 0 & 1 \\ 0 & 0 \end{bmatrix}$, $Y = \begin{bmatrix} 1 & 1 \\ 0 & 0 \end{bmatrix}$ とすると題意は成り立たない.

演習 2.3

$(P^{-1}AP)^3 = (P^{-1}AP)(P^{-1}AP)(P^{-1}AP) = P^{-1}APP^{-1}APP^{-1}AP$
$\qquad = P^{-1}A(PP^{-1})A(PP^{-1})AP = P^{-1}AEAEAP = P^{-1}(AE)(AE)AP$
$\qquad = P^{-1}AAAP = P^{-1}A^3P.$

演習 2.4 (1) $\begin{vmatrix} 1 & 3 \\ 2 & -1 \end{vmatrix} = 1 \cdot (-1) - 3 \cdot 2 = -7 \neq 0$ よってクラメールの公式が使えて,
$$x = \frac{\begin{vmatrix} 7 & 3 \\ 6 & -1 \end{vmatrix}}{-7} = \frac{-25}{-7} = \frac{25}{7}, \quad y = \frac{\begin{vmatrix} 1 & 7 \\ 2 & 6 \end{vmatrix}}{-7} = \frac{-8}{-7} = \frac{8}{7}.$$

(2) 与えられた連立方程式の拡大係数行列に行基本変形を行う.

$$\begin{bmatrix} 1 & 3 & | & 7 \\ 2 & -1 & | & 6 \end{bmatrix} \begin{matrix} \cdots \text{①} \\ \cdots \text{②} \end{matrix} \xrightarrow{\text{②}-\text{①}\times 2} \begin{bmatrix} 1 & 3 & | & 7 \\ 0 & -7 & | & -8 \end{bmatrix}$$

$$\xrightarrow{\text{②}\times \left(-\frac{1}{7}\right)} \begin{bmatrix} 1 & 3 & | & 7 \\ 0 & 1 & | & \frac{8}{7} \end{bmatrix}$$

解　答　　143

$$\xrightarrow{① - ② \times 3} \begin{bmatrix} 1 & 0 & \Big| & \dfrac{25}{7} \\ 0 & 1 & \Big| & \dfrac{8}{7} \end{bmatrix}$$

よって $x = \dfrac{25}{7}$, $y = \dfrac{8}{7}$.

演習 **2.5**

$$\begin{bmatrix} 5 & 2 & | & 1 & 0 \\ 8 & 3 & | & 0 & 1 \end{bmatrix} \begin{matrix} \cdots ① \\ \cdots ② \end{matrix} \xrightarrow{② - ①} \begin{bmatrix} 5 & 2 & | & 1 & 0 \\ 3 & 1 & | & -1 & 1 \end{bmatrix}$$

$$\xrightarrow{① - ② \times 2} \begin{bmatrix} -1 & 0 & | & 3 & -2 \\ 3 & 1 & | & -1 & 1 \end{bmatrix}$$

$$\xrightarrow{① \times (-1)} \begin{bmatrix} 1 & 0 & | & -3 & 2 \\ 3 & 1 & | & -1 & 1 \end{bmatrix}$$

$$\xrightarrow{② - ① \times 3} \begin{bmatrix} 1 & 0 & | & -3 & 2 \\ 0 & 1 & | & 8 & -5 \end{bmatrix}$$

よって求める逆行列は $\begin{bmatrix} -3 & 2 \\ 8 & -5 \end{bmatrix}$.

第3章

問題 3.1 (1) $\|\boldsymbol{x}\| = \sqrt{2^2 + 0^2 + (-2)^2} = \sqrt{8} = 2\sqrt{2}$,

$\|\boldsymbol{y}\| = \sqrt{5^2 + 2^2 + 3^2} = \sqrt{38}$,

$\|\boldsymbol{z}\| = \sqrt{(-1)^2 + 4^2 + 2^2} = \sqrt{21}$.

(2) $\boldsymbol{x} - \boldsymbol{y} = \begin{bmatrix} 2-5 \\ 0-2 \\ -2-3 \end{bmatrix} = \begin{bmatrix} -3 \\ -2 \\ -5 \end{bmatrix}$　よって

$$\|\boldsymbol{x} - \boldsymbol{y}\| = \sqrt{(-3)^2 + (-2)^2 + (-5)^2} = \sqrt{38}.$$

(3) 直接計算してみよう.

$$\|2\boldsymbol{y} - \boldsymbol{z}\| = \sqrt{\{2 \cdot 5 - (-1)\}^2 + (2 \cdot 2 - 4)^2 + (2 \cdot 3 - 2)^2}$$
$$= \sqrt{121 + 0 + 16} = \sqrt{137}.$$

問題 3.2

$$\cos\theta = \frac{\boldsymbol{a} \cdot \boldsymbol{b}}{\|\boldsymbol{a}\|\|\boldsymbol{b}\|} = \frac{(-3) \cdot (-1) + 2 \cdot 1 + 1 \cdot 1}{\sqrt{(-3)^2 + 2^2 + 1^2}\sqrt{(-1)^2 + 1^2 + 1^2}} = \frac{6}{\sqrt{14}\sqrt{3}} = \frac{6}{\sqrt{42}}.$$

$0 \leq \theta \leq \pi$ より $\sin\theta \geq 0$. よって

$$\sin\theta = \sqrt{1 - \cos^2\theta} = \sqrt{1 - \frac{36}{42}} = \frac{1}{\sqrt{7}}.$$

問題 3.3 求める位置ベクトルはそれぞれ

(1) $\dfrac{2}{1+2}\boldsymbol{a} + \dfrac{1}{1+2}\boldsymbol{b} = \dfrac{2}{3}\begin{bmatrix}3\\1\\4\end{bmatrix} + \dfrac{1}{3}\begin{bmatrix}0\\8\\2\end{bmatrix} = \begin{bmatrix}2\\\dfrac{10}{3}\\\dfrac{10}{3}\end{bmatrix}.$

(2) $\dfrac{-2}{1-2}\boldsymbol{a} + \dfrac{1}{1-2}\boldsymbol{b} = 2\begin{bmatrix}3\\1\\4\end{bmatrix} - \begin{bmatrix}0\\8\\2\end{bmatrix} = \begin{bmatrix}6\\-6\\6\end{bmatrix}.$

問題 3.4 右辺をまとめると $\begin{bmatrix}x\\y\end{bmatrix} = \begin{bmatrix}1-t\\2+3t\end{bmatrix}$.

左右の成分を見比べて次の連立方程式を得る．

$$\begin{cases} x = 1 - t & \cdots \text{①}\\ y = 2 + 3t & \cdots \text{②}\end{cases}$$

$t = 1 - x$ を ② に代入して

$$y = 2 + 3(1-x) = -3x + 5.$$

これが求める直線の方程式である．

問題 3.5 $x = s,\ y = t\ (s,\ t : 実数)$ とおくと $z = 5 - 2s + t$ となる．よって

$$\begin{bmatrix}x\\y\\z\end{bmatrix} = \begin{bmatrix}s\\t\\5-2s+t\end{bmatrix} = \begin{bmatrix}0\\0\\5\end{bmatrix} + s\begin{bmatrix}1\\0\\-2\end{bmatrix} + t\begin{bmatrix}0\\1\\1\end{bmatrix}$$

■ 演習問題 ■

演習 3.1 (1) $\boldsymbol{a}\cdot\begin{bmatrix}1\\x\\y\end{bmatrix} = 1 - x + 2y = 0,\ \boldsymbol{b}\cdot\begin{bmatrix}1\\x\\y\end{bmatrix} = 1 + 2x + 3y = 0$ を連立させて解くと $x = \dfrac{1}{7},\ y = -\dfrac{3}{7}$.

(2) D の位置ベクトルを $\boldsymbol{d}$ とおくと $\boldsymbol{d} = \dfrac{3}{4}\boldsymbol{a} + \dfrac{1}{4}\boldsymbol{b} = \begin{bmatrix}1\\-\dfrac{1}{4}\\\dfrac{9}{4}\end{bmatrix}.$

よって求める点の位置ベクトルは

$$\dfrac{-1}{2-1}\boldsymbol{c} + \dfrac{2}{2-1}\boldsymbol{d} = -\boldsymbol{c} + 2\boldsymbol{d} = \begin{bmatrix}0\\\dfrac{1}{2}\\\dfrac{1}{2}\end{bmatrix}$$

演習 3.2 右辺 $= \begin{bmatrix}1+s\\s+2t\\1-3s+4t\end{bmatrix}$. 両辺のベクトルを各成分ごとに比較して $x = 1 + s$, $y = s + 2t,\ z = 1 - 3s + 4t$. これから $s,\ t$ を消去する．

最初の 2 つの式より $s = x - 1,\ t = \dfrac{1}{2}(y - 1 + x)$ が得られるので，第 3 式に代入して整理すると

$$5x - 2y + z = 6.$$

これが求める平面の方程式である.

演習 3.3 $x = s, y = t$ (s, t : 実数) とおくと $z = -2s + 3t + 2$. よって

$$\begin{bmatrix} x \\ y \\ z \end{bmatrix} = \begin{bmatrix} s \\ t \\ -2s + 3t + 2 \end{bmatrix} = \begin{bmatrix} 0 \\ 0 \\ 2 \end{bmatrix} + s \begin{bmatrix} 1 \\ 0 \\ -2 \end{bmatrix} + t \begin{bmatrix} 0 \\ 1 \\ 3 \end{bmatrix}$$

演習 3.4 (1) $\boldsymbol{a} \cdot \boldsymbol{b} = 1 \cdot \overline{i} + (-1) \cdot \overline{1} + 1 \cdot \overline{1+i} = 1 \cdot (-i) + (-1) \cdot 1 + 1 \cdot (1-i)$
$= -i - 1 + 1 - i = -2i,$
$\boldsymbol{b} \cdot \boldsymbol{a} = i \cdot \overline{1} + 1 \cdot \overline{(-1)} + (1+i) \cdot \overline{1} = i \cdot 1 + 1 \cdot (-1) + (1+i) \cdot 1 = i - 1 + 1 + i = 2i,$
$\boldsymbol{a} \cdot \boldsymbol{c} = 1 \cdot (2-i) + (-1) \cdot (-1+i) + 1 \cdot (1-i) = 2 - i + 1 - i + 1 - i = 4 - 3i,$
$\boldsymbol{b} \cdot \boldsymbol{c} = i \cdot (2-i) + 1 \cdot (-1+i) + (1+i) \cdot (1-i) = 2i - i^2 - 1 + i + 1 - i^2 = 2 + 3i.$

(2) $\|\boldsymbol{a}\| = \sqrt{1^2 + (-1)^2 + 1^2} = \sqrt{3}$
$\|\boldsymbol{b}\| = \sqrt{i \cdot \overline{i} + 1 \cdot \overline{1} + (1+i) \cdot \overline{1+i}}$
$= \sqrt{i \cdot (-i) + 1 \cdot 1 + (1+i) \cdot (1-i)}$
$= \sqrt{-i^2 + 1 + 1 - i^2} = \sqrt{1 + 1 + 1 + 1} = \sqrt{4}.$
$\|\boldsymbol{c}\| = \sqrt{(2+i) \cdot (2-i) + (-1-i) \cdot (-1+i) + (1+i) \cdot (1-i)}$
$= \sqrt{4 + 1 + 1 + 1 + 1 + 1} = 3.$

複素ベクトルのノルムは実数になる. 複素数 $i^2 = -1$ が頭の中で自在に変換できるようになるまでいろいろと自分で練習するとよい.

第 4 章

問題 4.1

$$\begin{vmatrix} 5 & 2 & 1 \\ 4 & 3 & -2 \\ -3 & -1 & 0 \end{vmatrix}$$
$= 5 \cdot 3 \cdot 0 + 2 \cdot (-2) \cdot (-3) + 1 \cdot 4 \cdot (-1) - 5 \cdot (-2) \cdot (-1) - 2 \cdot 4 \cdot 0 - 1 \cdot 3 \cdot (-3)$
$= 0 + 12 - 4 - 10 - 0 + 9 = 7$

問題 4.2 基本変形をする (3 列目に 2 列目を加えた後, 2 行目, 3 行目から 1 行目を引く).

$$\begin{vmatrix} 1 & a & b+c \\ 1 & b & a+c \\ 1 & c & a+b \end{vmatrix} = \begin{vmatrix} 1 & a & a+b+c \\ 1 & b & a+b+c \\ 1 & c & a+b+c \end{vmatrix} = \begin{vmatrix} 1 & a & 0 \\ 0 & b-a & 0 \\ 0 & c-a & 0 \end{vmatrix} = 0.$$

問題 4.3 (1) $(-1)^{1+1} \begin{vmatrix} 2 & 0 \\ 4 & -3 \end{vmatrix} = -6 - 0 = -6$

(2) $(-1)^{2+2} \begin{vmatrix} 2 & -1 \\ 5 & -3 \end{vmatrix} = -6 - (-5) = -1$

問題 4.4 第 2 行で余因子展開してみる.

$$|A| = 1\cdot(-1)^{2+1}\begin{vmatrix}-2 & 1 & -2 \\ 2 & 1 & 1 \\ -3 & 2 & -1\end{vmatrix} + 0 + 1\cdot(-1)^{2+3}\begin{vmatrix}1 & -2 & -2 \\ 3 & 2 & 1 \\ 4 & -3 & -1\end{vmatrix} + 0$$

$$= -(2 - 3 - 8 - 6 + 4 + 2) - (-2 - 8 + 18 + 16 + 3 - 6)$$

$$= 9 - 21 = -12$$

問題 4.5 与式の拡大係数行列に行基本変形すると,

$$\begin{bmatrix}-1 & 1 & -1 & | & -2 \\ 3 & 3 & 1 & | & 2 \\ 4 & 2 & 3 & | & 5\end{bmatrix}\begin{matrix}\cdots① \\ \cdots② \\ \cdots③\end{matrix} \xrightarrow[③+①\times 4]{②+①\times 3} \begin{bmatrix}-1 & 1 & -1 & | & -2 \\ 0 & 6 & -2 & | & -4 \\ 0 & 6 & -1 & | & -3\end{bmatrix}$$

$$\xrightarrow[③-②]{①\times(-1)} \begin{bmatrix}1 & -1 & 1 & | & 2 \\ 0 & 6 & -2 & | & -4 \\ 0 & 0 & 1 & | & 1\end{bmatrix}$$

$$\xrightarrow[②+③\times 2]{①-③} \begin{bmatrix}1 & -1 & 0 & | & 1 \\ 0 & 6 & 0 & | & -2 \\ 0 & 0 & 1 & | & 1\end{bmatrix}$$

$$\xrightarrow{②\times\frac{1}{6}} \begin{bmatrix}1 & -1 & 0 & | & 1 \\ 0 & 1 & 0 & | & -\frac{1}{3} \\ 0 & 0 & 1 & | & 1\end{bmatrix}$$

$$\xrightarrow{①+②} \begin{bmatrix}1 & 0 & 0 & | & \frac{2}{3} \\ 0 & 1 & 0 & | & -\frac{1}{3} \\ 0 & 0 & 1 & | & 1\end{bmatrix}$$

よって求める答えは $x = \dfrac{2}{3},\ y = -\dfrac{1}{3},\ z = 1$.

問題 4.6 与えられた行列の拡大係数行列を行基本変形すると,

$$\begin{bmatrix}2 & 3 & -1 & | & 1 & 0 & 0 \\ 1 & -2 & 0 & | & 0 & 1 & 0 \\ 5 & 4 & -3 & | & 0 & 0 & 1\end{bmatrix}\begin{matrix}\cdots① \\ \cdots② \\ \cdots③\end{matrix} \xrightarrow{①\leftrightarrow②} \begin{bmatrix}1 & -2 & 0 & | & 0 & 1 & 0 \\ 2 & 3 & -1 & | & 1 & 0 & 0 \\ 5 & 4 & -3 & | & 0 & 0 & 1\end{bmatrix}$$

$$\xrightarrow[③-①\times 5]{②-①\times 2} \begin{bmatrix}1 & -2 & 0 & | & 0 & 1 & 0 \\ 0 & 7 & -1 & | & 1 & -2 & 0 \\ 0 & 14 & -3 & | & 0 & -5 & 1\end{bmatrix}$$

$$\xrightarrow{③-②\times 2} \begin{bmatrix}1 & -2 & 0 & | & 0 & 1 & 0 \\ 0 & 7 & -1 & | & 1 & -2 & 0 \\ 0 & 0 & -1 & | & -2 & -1 & 1\end{bmatrix}$$

$$\xrightarrow{②-③} \begin{bmatrix}1 & -2 & 0 & | & 0 & 1 & 0 \\ 0 & 7 & 0 & | & 3 & -1 & -1 \\ 0 & 0 & -1 & | & -2 & -1 & 1\end{bmatrix}$$

$$\xrightarrow[③\times(-1)]{②\times\frac{1}{7}} \begin{bmatrix}1 & -2 & 0 & | & 0 & 1 & 0 \\ 0 & 1 & 0 & | & \frac{3}{7} & -\frac{1}{7} & -\frac{1}{7} \\ 0 & 0 & 1 & | & 2 & 1 & -1\end{bmatrix}$$

$$\xrightarrow{\text{①}+\text{②}\times 2}\begin{bmatrix} 1 & 0 & 0 & \frac{6}{7} & \frac{5}{7} & -\frac{2}{7} \\ 0 & 1 & 0 & \frac{3}{7} & -\frac{1}{7} & -\frac{1}{7} \\ 0 & 0 & 1 & 2 & 1 & -1 \end{bmatrix}.$$

よって求める逆行列は $\begin{bmatrix} \frac{6}{7} & \frac{5}{7} & -\frac{2}{7} \\ \frac{3}{7} & -\frac{1}{7} & -\frac{1}{7} \\ 2 & 1 & -1 \end{bmatrix}.$

問題 4.7 求める階数は転置した ${}^tA = \begin{bmatrix} 3 & 2 & 0 & 3 & -2 \\ 1 & 9 & 0 & 10 & -9 \\ 1 & -2 & 1 & -3 & 4 \\ 0 & 3 & 2 & 1 & 1 \end{bmatrix}$ の階数と等しいので，${}^tA$

を行基本変形する（直接行基本変形で求めてもよい）．

$$\begin{bmatrix} 3 & 2 & 0 & 3 & -2 \\ 1 & 9 & 0 & 10 & -9 \\ 1 & -2 & 1 & -3 & 4 \\ 0 & 3 & 2 & 1 & 1 \end{bmatrix}\begin{matrix}\cdots\text{①}\\\cdots\text{②}\\\cdots\text{③}\\\cdots\text{④}\end{matrix} \xrightarrow[\text{②}-\text{③}]{\text{①}-\text{③}\times 3} \begin{bmatrix} 0 & 8 & -3 & 12 & -14 \\ 0 & 11 & -1 & 13 & -13 \\ 1 & -2 & 1 & -3 & 4 \\ 0 & 3 & 2 & 1 & 1 \end{bmatrix}$$

$$\xrightarrow{\text{②}-\text{①}} \begin{bmatrix} 0 & 8 & -3 & 12 & -14 \\ 0 & 3 & 2 & 1 & 1 \\ 1 & -2 & 1 & -3 & 4 \\ 0 & 3 & 2 & 1 & 1 \end{bmatrix}$$

$$\xrightarrow[\text{④}-\text{②}]{\text{①}\leftrightarrow\text{③}} \begin{bmatrix} 1 & -2 & 1 & -3 & 4 \\ 0 & 3 & 2 & 1 & 1 \\ 0 & 8 & -3 & 12 & -14 \\ 0 & 0 & 0 & 0 & 0 \end{bmatrix}$$

$$\xrightarrow{\text{③}-\text{②}\times\frac{8}{3}} \begin{bmatrix} 1 & -2 & 1 & -3 & 4 \\ 0 & 3 & 2 & 1 & 1 \\ 0 & 0 & -\frac{25}{3} & \frac{28}{3} & -\frac{50}{3} \\ 0 & 0 & 0 & 0 & 0 \end{bmatrix}$$

よって求める階数は 3．

問題 4.8 拡大係数行列を行基本変形すると，

$$\left[\begin{array}{cccc|c} 1 & 5 & -3 & -6 & -15 \\ 2 & 4 & 6 & -6 & -12 \\ 1 & 2 & 3 & -3 & -6 \end{array}\right]\begin{matrix}\cdots\text{①}\\\cdots\text{②}\\\cdots\text{③}\end{matrix} \xrightarrow[\text{③}-\text{①}]{\text{②}-\text{①}\times 2} \left[\begin{array}{cccc|c} 1 & 5 & -3 & -6 & -15 \\ 0 & -6 & 12 & 6 & 18 \\ 0 & -3 & 6 & 3 & 9 \end{array}\right]$$

$$\xrightarrow{\text{②}\times\left(-\frac{1}{6}\right)} \left[\begin{array}{cccc|c} 1 & 5 & -3 & -6 & -15 \\ 0 & 1 & -2 & -1 & -3 \\ 0 & -3 & 6 & 3 & 9 \end{array}\right]$$

$$\xrightarrow[\text{③}+\text{②}\times 3]{\text{①}-\text{②}\times 5} \left[\begin{array}{cccc|c} 1 & 0 & 7 & -1 & 0 \\ 0 & 1 & -2 & -1 & -3 \\ 0 & 0 & 0 & 0 & 0 \end{array}\right]$$

よって求める解は連立方程式

の解と等しい．(x も y も z と u の式で書ける！）
$$\begin{cases} x + 7z - u = 0 \\ y - 2z - u = -3 \end{cases}$$

今，係数行列と拡大係数行列の階数は共に 2 で等しく，解の自由度は $4-2=2$．よって，$z = s$, $u = t$ (s, t：任意の実数) とおくと，
$$x = -7z + u = -7s + t, \quad y = -3 + 2z + u = -3 + 2s + t$$
を得る．求める連立方程式の解は
$$\begin{bmatrix} x \\ y \\ z \\ u \end{bmatrix} = \begin{bmatrix} -7s + t \\ -3 + 2s + t \\ s \\ t \end{bmatrix} = \begin{bmatrix} 0 \\ -3 \\ 0 \\ 0 \end{bmatrix} + s \begin{bmatrix} -7 \\ 2 \\ 1 \\ 0 \end{bmatrix} + t \begin{bmatrix} 1 \\ 1 \\ 0 \\ 1 \end{bmatrix}.$$

■ 演習問題 ■

演習 4.1 1 行目に 2 行目から 4 行目までをすべて加えると

$$\begin{vmatrix} 1+x & 1 & 1 & 1 \\ 1 & 1+x & 1 & 1 \\ 1 & 1 & 1+x & 1 \\ 1 & 1 & 1 & 1+x \end{vmatrix} = \begin{vmatrix} 4+x & 4+x & 4+x & 4+x \\ 1 & 1+x & 1 & 1 \\ 1 & 1 & 1+x & 1 \\ 1 & 1 & 1 & 1+x \end{vmatrix}$$

$$= (4+x) \begin{vmatrix} 1 & 1 & 1 & 1 \\ 1 & 1+x & 1 & 1 \\ 1 & 1 & 1+x & 1 \\ 1 & 1 & 1 & 1+x \end{vmatrix} \quad (4 + x \neq 0 \text{ のとき})$$

$$= (4+x) \begin{vmatrix} 1 & 1 & 1 & 1 \\ 0 & x & 0 & 0 \\ 0 & 0 & x & 0 \\ 0 & 0 & 0 & x \end{vmatrix} = (4+x) 1 (-1)^{1+1} \begin{vmatrix} x & 0 & 0 \\ 0 & x & 0 \\ 0 & 0 & x \end{vmatrix} = (4+x) x^3.$$

(第 1 列で余因子展開した)

$4 + x = 0$ つまり $x = -4$ のときには与式に代入し，求める行列は
$$\begin{vmatrix} -3 & 1 & 1 & 1 \\ 1 & -3 & 1 & 1 \\ 1 & 1 & -3 & 1 \\ 1 & 1 & 1 & -3 \end{vmatrix} = \begin{vmatrix} 0 & 0 & 0 & 0 \\ 1 & -3 & 1 & 1 \\ 1 & 1 & -3 & 1 \\ 1 & 1 & 1 & -3 \end{vmatrix} = 0.$$

よって求める答えは $\begin{cases} x^3 & (x \neq -4) \\ 0 & (x = -4) \end{cases}$.

演習 4.2
$$(E-A)(E+A+A^2) = E + A + A^2 - A - A^2 - A^3 = E - A^3 = E$$
また，
$$(E+A+A^2)(E-A) = E - A + A - A^2 + A^2 - A^3 = E - A^3 = E.$$
となるので $(E-A)^{-1} = E + A + A^2$ である．

この問題のアイデアはまず仮定 $A^3 = O$ から $E - A^3 = E$ を導き，さらに因数分解 $(1 - x^3) = (1-x)(1 + x + x^2)$ を行列で考えてみるという点である．

演習 4.3 与えられた行列の拡大係数行列を行基本変形して，

$$\left[\begin{array}{cccc|cccc} 1 & 0 & 1 & -1 & 1 & 0 & 0 & 0 \\ 1 & -1 & 3 & 0 & 0 & 1 & 0 & 0 \\ -1 & 1 & 2 & 3 & 0 & 0 & 1 & 0 \\ 0 & 1 & -1 & -1 & 0 & 0 & 0 & 1 \end{array}\right] \begin{array}{l} \cdots ① \\ \cdots ② \\ \cdots ③ \\ \cdots ④ \end{array}$$

$$\xrightarrow[③+①]{②-①} \left[\begin{array}{cccc|cccc} 1 & 0 & 1 & -1 & 1 & 0 & 0 & 0 \\ 0 & -1 & 2 & 1 & -1 & 1 & 0 & 0 \\ 0 & 1 & 3 & 2 & 1 & 0 & 1 & 0 \\ 0 & 1 & -1 & -1 & 0 & 0 & 0 & 1 \end{array}\right]$$

$$\xrightarrow[④+②]{③+②} \left[\begin{array}{cccc|cccc} 1 & 0 & 1 & -1 & 1 & 0 & 0 & 0 \\ 0 & -1 & 2 & 1 & -1 & 1 & 0 & 0 \\ 0 & 0 & 5 & 3 & 0 & 1 & 1 & 0 \\ 0 & 0 & 1 & 0 & -1 & 1 & 0 & 1 \end{array}\right]$$

$$\xrightarrow[③-④\times 5]{②-④\times 2} \left[\begin{array}{cccc|cccc} 1 & 0 & 1 & -1 & 1 & 0 & 0 & 0 \\ 0 & -1 & 0 & 1 & 1 & -1 & 0 & -2 \\ 0 & 0 & 0 & 3 & 5 & -4 & 1 & -5 \\ 0 & 0 & 1 & 0 & -1 & 1 & 0 & 1 \end{array}\right]$$

$$\xrightarrow[③\leftrightarrow④]{②\times(-1)} \left[\begin{array}{cccc|cccc} 1 & 0 & 1 & -1 & 1 & 0 & 0 & 0 \\ 0 & 1 & 0 & -1 & -1 & 1 & 0 & 2 \\ 0 & 0 & 1 & 0 & -1 & 1 & 0 & 1 \\ 0 & 0 & 0 & 3 & 5 & -4 & 1 & -5 \end{array}\right]$$

$$\xrightarrow[④\times\frac{1}{3}]{①-③} \left[\begin{array}{cccc|cccc} 1 & 0 & 0 & -1 & 2 & -1 & 0 & -1 \\ 0 & 1 & 0 & -1 & -1 & 1 & 0 & 2 \\ 0 & 0 & 1 & 0 & -1 & 1 & 0 & 1 \\ 0 & 0 & 0 & 1 & \frac{5}{3} & -\frac{4}{3} & \frac{1}{3} & -\frac{5}{3} \end{array}\right]$$

$$\xrightarrow[②+④]{①+④} \left[\begin{array}{cccc|cccc} 1 & 0 & 0 & 0 & \frac{11}{3} & -\frac{7}{3} & \frac{1}{3} & -\frac{8}{3} \\ 0 & 1 & 0 & 0 & \frac{2}{3} & -\frac{1}{3} & \frac{1}{3} & \frac{1}{3} \\ 0 & 0 & 1 & 0 & -1 & 1 & 0 & 1 \\ 0 & 0 & 0 & 1 & \frac{5}{3} & -\frac{4}{3} & \frac{1}{3} & -\frac{5}{3} \end{array}\right].$$

よって求める逆行列は $\begin{bmatrix} \frac{11}{3} & -\frac{7}{3} & \frac{1}{3} & -\frac{8}{3} \\ \frac{2}{3} & -\frac{1}{3} & \frac{1}{3} & \frac{1}{3} \\ -1 & 1 & 0 & 1 \\ \frac{5}{3} & -\frac{4}{3} & \frac{1}{3} & -\frac{5}{3} \end{bmatrix}$.

演習 4.4 $A = \begin{bmatrix} 1 & 1 & 1 \\ a & b & c \\ a^2 & b^2 & c^2 \end{bmatrix} \begin{array}{l} \cdots ① \\ \cdots ② \\ \cdots ③ \end{array}$ とおく．このとき

$$|A| = \begin{vmatrix} 1 & 1 & 1 \\ a & b & c \\ a^2 & b^2 & c^2 \end{vmatrix} = \begin{vmatrix} 1 & 1 & 1 \\ 0 & b-a & c-a \\ 0 & b^2-a^2 & c^2-a^2 \end{vmatrix} \quad (②-①,\ ③-①)$$

$$= \begin{vmatrix} b-a & c-a \\ b^2-a^2 & c^2-a^2 \end{vmatrix} = (a-b)(b-c)(c-a) \neq 0 \quad (仮定より)$$

よって，クラメールの公式より

$$x = \frac{\begin{vmatrix} 1 & 1 & 1 \\ d & b & c \\ d^2 & b^2 & c^2 \end{vmatrix}}{|A|}, \quad y = \frac{\begin{vmatrix} 1 & 1 & 1 \\ a & d & c \\ a^2 & d^2 & c^2 \end{vmatrix}}{|A|}, \quad z = \frac{\begin{vmatrix} 1 & 1 & 1 \\ a & b & d \\ a^2 & b^2 & d^2 \end{vmatrix}}{|A|}.$$

それぞれを計算して求める解は

$$\begin{cases} x = \dfrac{(d-b)(c-d)}{(a-b)(c-a)} \\ y = \dfrac{(d-a)(c-d)}{(a-b)(b-c)} \\ z = \dfrac{(d-a)(b-d)}{(b-c)(c-a)} \end{cases}$$

演習 4.5 (1) ただ 1 組の解を持つのは係数行列の行列式が 0 ではないときである．

$$\begin{vmatrix} 1 & -a & -2 \\ a & 2 & 1 \\ 4 & -a & -3 \end{vmatrix} = -6 - 4a + 2a^2 + 16 - 3a^2 + a = -a^2 - 3a + 10$$

$$= -(a-2)(a+5) \neq 0$$

より $a \neq 2, -5$ が求める a の条件．

(2) (1) より，$a = 2, -5$ のときのみ解を持たない可能性がある．それぞれの場合に連立方程式の拡大係数行列を行基本変形してみる．

(i) $a = 2$ のとき

$$\begin{bmatrix} 1 & -2 & -2 & | & 3 \\ 2 & 2 & 1 & | & 3 \\ 4 & -2 & -3 & | & 2 \end{bmatrix} \begin{matrix} \cdots ① \\ \cdots ② \\ \cdots ③ \end{matrix} \xrightarrow[③-①\times 4]{②-①\times 2} \begin{bmatrix} 1 & -2 & -2 & | & 3 \\ 0 & 6 & 5 & | & -3 \\ 0 & 6 & 5 & | & -10 \end{bmatrix}$$

$$\xrightarrow{③-②} \begin{bmatrix} 1 & -2 & -2 & | & 3 \\ 0 & 6 & 5 & | & -3 \\ 0 & 0 & 0 & | & -7 \end{bmatrix}$$

係数行列の階数が 2，拡大係数行列の階数が 3 で異なるので，連立方程式の解はなし．

(ii) $a = -5$ のとき

$$\begin{bmatrix} 1 & 5 & -2 & | & 3 \\ -5 & 2 & 1 & | & 3 \\ 4 & 5 & -3 & | & 2 \end{bmatrix} \begin{matrix} \cdots ① \\ \cdots ② \\ \cdots ③ \end{matrix} \xrightarrow[③-①\times 4]{②+①\times 5} \begin{bmatrix} 1 & -2 & -2 & | & 3 \\ 0 & 27 & -9 & | & 18 \\ 0 & -15 & 5 & | & -10 \end{bmatrix}$$

$$\xrightarrow{②\times \left(\frac{1}{9}\right)} \begin{bmatrix} 1 & -2 & -2 & | & 3 \\ 0 & 3 & -1 & | & 2 \\ 0 & -15 & 5 & | & -10 \end{bmatrix}$$

$$\xrightarrow{③+②\times 5} \begin{bmatrix} 1 & -2 & -2 & | & 3 \\ 0 & 3 & -1 & | & 2 \\ 0 & 0 & 0 & | & 0 \end{bmatrix}$$

係数行列の階数と拡大係数行列の階数がともに 2 になるので，連立方程式は無数の解をもつ．

以上により求める条件は $a = 2$ となる．

(3) (2) より，求める条件は $a = -5$．

第 5 章

問題 5.1 ベクトル空間の任意の元を $\boldsymbol{a}$ とする．

$\boldsymbol{a} + \boldsymbol{x} = \boldsymbol{0}$ となる $\boldsymbol{x}$ が存在すれば，両辺に $-\boldsymbol{a}$ を加えて $-\boldsymbol{a} + \boldsymbol{a} + \boldsymbol{x} = -\boldsymbol{a} + \boldsymbol{0}$．よって $\boldsymbol{0} + \boldsymbol{x} = \boldsymbol{x} = -\boldsymbol{a}$ となり，逆元は存在すればただ 1 つであることが示せた．

問題 5.2 $\forall \begin{bmatrix} a & b \\ c & d \end{bmatrix}, \forall \begin{bmatrix} e & f \\ g & h \end{bmatrix} \in W, \forall k \in \mathbb{R}$ とする．

このとき，
$$\begin{bmatrix} a & b \\ c & d \end{bmatrix} + \begin{bmatrix} e & f \\ g & h \end{bmatrix} = \begin{bmatrix} a+e & b+f \\ c+g & d+h \end{bmatrix}.$$

仮定より，$a = 0$, $e = 0$ なので，$a + e = 0$．

また，$b, c, d, f, g, h \in \mathbb{R}$ より $b+f, c+g, d+h \in \mathbb{R}$. よって
$$\begin{bmatrix} a & b \\ c & d \end{bmatrix} + \begin{bmatrix} e & f \\ g & h \end{bmatrix} \in M_2.$$

同様に，$k \begin{bmatrix} a & b \\ c & d \end{bmatrix} = \begin{bmatrix} ka & kb \\ kc & kd \end{bmatrix}$ であり，$a = 0$ より $ka = 0$．また，$b, c, d \in \mathbb{R}$ より $kb, kc, kd \in \mathbb{R}$. よって
$$k \begin{bmatrix} a & b \\ c & d \end{bmatrix} \in M_2.$$

以上により W は M_2 の部分ベクトル空間であることが証明された．

(もちろん，最初から a や e を 0 として証明してもよい．)

問題 5.3 (1) $\begin{bmatrix} 0 \\ 0 \\ 0 \end{bmatrix} = s \begin{bmatrix} 1 \\ 0 \\ 3 \end{bmatrix} + t \begin{bmatrix} 0 \\ 1 \\ 0 \end{bmatrix} + u \begin{bmatrix} 2 \\ 0 \\ -1 \end{bmatrix}$ (s, t, u は実数) とおく．

$$\begin{bmatrix} 0 \\ 0 \\ 0 \end{bmatrix} = \begin{bmatrix} s+2u \\ t \\ 3s-u \end{bmatrix} \quad \text{より} \quad \begin{cases} s+2u = 0 \\ t = 0 \\ 3s-u = 0 \end{cases}.$$

この連立方程式を解いて $s = 0, t = 0, u = 0$ を得る．よって求める解は
$$\begin{bmatrix} 0 \\ 0 \\ 0 \end{bmatrix} = 0 \begin{bmatrix} 1 \\ 0 \\ 3 \end{bmatrix} + 0 \begin{bmatrix} 0 \\ 1 \\ 0 \end{bmatrix} + 0 \begin{bmatrix} 2 \\ 0 \\ -1 \end{bmatrix}.$$

(2) $\begin{bmatrix} 0 \\ 0 \\ 0 \end{bmatrix} = s \begin{bmatrix} 1 \\ 2 \\ 1 \end{bmatrix} + t \begin{bmatrix} 3 \\ 0 \\ 1 \end{bmatrix} + u \begin{bmatrix} 2 \\ 1 \\ 1 \end{bmatrix}$ (s, t, u は実数) とおく．

$$\begin{bmatrix} 0 \\ 0 \\ 0 \end{bmatrix} = \begin{bmatrix} s+3t+2u \\ 2s+u \\ s+t+u \end{bmatrix} \quad \text{より} \quad \begin{cases} s+3t+2u = 0 \\ 2s+u = 0 \\ s+t+u = 0 \end{cases}.$$

この連立方程式を解いて（掃き出し法の計算は省略）

$$\begin{bmatrix} s \\ t \\ u \end{bmatrix} = a \begin{bmatrix} 1 \\ 1 \\ -2 \end{bmatrix} \quad (a: \text{任意の実数}) \text{ を得る．よって求める解は}$$

$$\begin{bmatrix} 0 \\ 0 \\ 0 \end{bmatrix} = a \begin{bmatrix} 1 \\ 2 \\ 1 \end{bmatrix} + a \begin{bmatrix} 3 \\ 0 \\ 1 \end{bmatrix} - 2a \begin{bmatrix} 2 \\ 1 \\ 1 \end{bmatrix} \quad (a \text{ は任意の実数}).$$

この答えの意味は，例えば $a = 1$, $a = -2$ とおいて

$$\begin{bmatrix} 0 \\ 0 \\ 0 \end{bmatrix} = \begin{bmatrix} 1 \\ 2 \\ 1 \end{bmatrix} + \begin{bmatrix} 3 \\ 0 \\ 1 \end{bmatrix} - 2 \begin{bmatrix} 2 \\ 1 \\ 1 \end{bmatrix} = -2 \begin{bmatrix} 1 \\ 2 \\ 1 \end{bmatrix} - 2 \begin{bmatrix} 3 \\ 0 \\ 1 \end{bmatrix} + 4 \begin{bmatrix} 2 \\ 1 \\ 1 \end{bmatrix}$$

などと何通りにも1次結合の係数が書ける，ということである．

問題 5.4 与えられた3つのベクトルが1次独立であるための条件を求めればよい．行列式を計算して，

$$\begin{vmatrix} a & 1 & 2 \\ 1 & 1 & 2 \\ 1 & a & 2 \end{vmatrix} = 2a + 2a + 2 - 2 - 2a^2 - 2 = -2a^2 + 4a - 2 = -2(a-1)^2.$$

この値が0でなければよく，求める条件は $a \neq 1$．

問題 5.5 $\begin{bmatrix} 1 \\ 0 \end{bmatrix} = a \begin{bmatrix} 1 \\ 2 \end{bmatrix} + b \begin{bmatrix} 2 \\ -3 \end{bmatrix}$, $\begin{bmatrix} 1 \\ 1 \end{bmatrix} = c \begin{bmatrix} 1 \\ 2 \end{bmatrix} + d \begin{bmatrix} 2 \\ -3 \end{bmatrix}$ (a, b, c, d は実数）とおく．

各成分を比較して得られる連立方程式

$$\begin{cases} a + 2b = 0 \\ 2a - 3b = 1 \end{cases}, \quad \begin{cases} c + 2d = 1 \\ 2c - 3d = 1 \end{cases}$$

を解くと，$a = \dfrac{3}{7}$, $b = \dfrac{2}{7}$, $c = \dfrac{5}{7}$, $d = \dfrac{1}{7}$．

よって求める取りかえ行列は

$$^t\begin{bmatrix} \dfrac{3}{7} & \dfrac{2}{7} \\ \dfrac{5}{7} & \dfrac{1}{7} \end{bmatrix} = \begin{bmatrix} \dfrac{3}{7} & \dfrac{5}{7} \\ \dfrac{2}{7} & \dfrac{1}{7} \end{bmatrix}.$$

もちろん，例題 5.6 の答えの逆行列として求めてもよい．

問題 5.6 問題の写像 f は $f(A) = P^{-1}AP$ と書ける．$\forall A, \forall B \in M_2, \forall k \in \mathbb{R}$ とする．行列の性質より

$$f(A+B) = P^{-1}(A+B)P = P^{-1}(AP+BP) = P^{-1}AP + P^{-1}BP$$
$$= f(A) + f(B).$$

また，
$$kf(A) = k(P^{-1}AP) = P^{-1}(kA)P = f(kA).$$

よって，f は線形写像である．

問題 5.7 題意より $\operatorname{Ker} f = \left\{ \begin{bmatrix} x \\ y \\ z \end{bmatrix} \middle| x, y, z \in \mathbb{R}, f\left(\begin{bmatrix} x \\ y \\ z \end{bmatrix}\right) = \mathbf{0} \right\}$.

まず，$\mathrm{Im}\, f$ のように（集合の形にしたときの）元の形を複雑にし，条件の方を簡単にする．条件 $f\left(\begin{bmatrix}x\\y\\z\end{bmatrix}\right) = \begin{bmatrix}3x+4y+4z\\2x+y+3z\\-5y+z\end{bmatrix} = \begin{bmatrix}0\\0\\0\end{bmatrix}$ より，各成分を比較して次の連立方程式を得る．

$$\begin{cases} 3x+4y+4z=0 \\ 2x+y+3z=0 \\ -5y+z=0 \end{cases}$$

これは無数の解を持ち，例えば $y=s\ (s\in\mathbb{R})$ とすると $x=-8s,\ z=5s$ となるので $\begin{bmatrix}x\\y\\z\end{bmatrix} = s\begin{bmatrix}-8\\1\\5\end{bmatrix}$. よって

$$\mathrm{Ker}\, f = \left\{ s\begin{bmatrix}-8\\1\\5\end{bmatrix} \,\middle|\, s\in\mathbb{R} \right\} = \left\langle \begin{bmatrix}-8\\1\\5\end{bmatrix} \right\rangle.$$

$\begin{bmatrix}-8\\1\\5\end{bmatrix} \neq \mathbf{0}$ より 1 次独立なので $\left\{\begin{bmatrix}-8\\1\\5\end{bmatrix}\right\}$ は基底．よって求める次元は 1．

問題 5.8 (1)

$$f\left(\begin{bmatrix}2\\0\\0\end{bmatrix}\right) = \begin{bmatrix}-1 & 1 & 3\\0 & -2 & 1\\0 & 4 & 1\end{bmatrix}\begin{bmatrix}2\\0\\0\end{bmatrix} = \begin{bmatrix}-2\\0\\0\end{bmatrix} = -2\mathbf{e}_1 + 0\mathbf{e}_2 + 0\mathbf{e}_3.$$

$$f\left(\begin{bmatrix}0\\1\\0\end{bmatrix}\right) = \begin{bmatrix}-1 & 1 & 3\\0 & -2 & 1\\0 & 4 & 1\end{bmatrix}\begin{bmatrix}0\\1\\0\end{bmatrix} = \begin{bmatrix}1\\-2\\4\end{bmatrix} = 1\mathbf{e}_1 - 2\mathbf{e}_2 + 4\mathbf{e}_3.$$

$$f\left(\begin{bmatrix}0\\1\\-1\end{bmatrix}\right) = \begin{bmatrix}-1 & 1 & 3\\0 & -2 & 1\\0 & 4 & 1\end{bmatrix}\begin{bmatrix}0\\1\\-1\end{bmatrix} = \begin{bmatrix}-2\\-3\\3\end{bmatrix} = -2\mathbf{e}_1 - 3\mathbf{e}_2 + 3\mathbf{e}_3.$$

よって求める表現行列は

$$\begin{bmatrix}-2 & 1 & -2\\0 & -2 & -3\\0 & 4 & 3\end{bmatrix}.$$

(2)

$$f\left(\begin{bmatrix}1\\0\\0\end{bmatrix}\right) = \begin{bmatrix}-1 & 1 & 3\\0 & -2 & 1\\0 & 4 & 1\end{bmatrix}\begin{bmatrix}1\\0\\0\end{bmatrix} = \begin{bmatrix}-1\\0\\0\end{bmatrix} = -\frac{1}{2}\begin{bmatrix}2\\0\\0\end{bmatrix} + 0\begin{bmatrix}0\\1\\0\end{bmatrix} + 0\begin{bmatrix}0\\1\\-1\end{bmatrix}.$$

$$f\left(\begin{bmatrix}0\\1\\0\end{bmatrix}\right) = \begin{bmatrix}-1 & 1 & 3\\0 & -2 & 1\\0 & 4 & 1\end{bmatrix}\begin{bmatrix}0\\1\\0\end{bmatrix} = \begin{bmatrix}1\\-2\\4\end{bmatrix} = \frac{1}{2}\begin{bmatrix}2\\0\\0\end{bmatrix} + 2\begin{bmatrix}0\\1\\0\end{bmatrix} - 4\begin{bmatrix}0\\1\\-1\end{bmatrix}.$$

$$f\left(\begin{bmatrix}0\\0\\1\end{bmatrix}\right) = \begin{bmatrix}-1 & 1 & 3\\0 & -2 & 1\\0 & 4 & 1\end{bmatrix}\begin{bmatrix}0\\0\\1\end{bmatrix} = \begin{bmatrix}3\\1\\1\end{bmatrix} = \frac{3}{2}\begin{bmatrix}2\\0\\0\end{bmatrix} + 2\begin{bmatrix}0\\1\\0\end{bmatrix} - 1\begin{bmatrix}0\\1\\-1\end{bmatrix}.$$

よって求める表現行列は
$$\begin{bmatrix} -\frac{1}{2} & \frac{1}{2} & \frac{3}{2} \\ 0 & 2 & 2 \\ 0 & -4 & -1 \end{bmatrix}.$$

■ 演習問題 ■

演習 5.1 $k_1(\boldsymbol{a}_1+\boldsymbol{a}_2)+k_2(\boldsymbol{a}_2+\boldsymbol{a}_3)+k_3(\boldsymbol{a}_3+\boldsymbol{a}_1)=\boldsymbol{0}$ となる実数 k_1, k_2, k_3 があったとする．式を整理して $(k_1+k_3)\boldsymbol{a}_1+(k_1+k_3)\boldsymbol{a}_2+(k_2+k_3)\boldsymbol{a}_3=\boldsymbol{0}$.

仮定より $\boldsymbol{a}_1$, $\boldsymbol{a}_2$, $\boldsymbol{a}_3$ は 1 次独立なので
$$\begin{cases} k_1+k_3=0 \\ k_1+k_2=0 \\ k_2+k_3=0 \end{cases} \text{となる．これを解いて} \quad k_1=k_2=k_3=0.$$

よって $\boldsymbol{a}_1+\boldsymbol{a}_2$, $\boldsymbol{a}_2+\boldsymbol{a}_3$, $\boldsymbol{a}_3+\boldsymbol{a}_1$ も 1 次独立であることが証明された．

演習 5.2 (1) 成り立たない．例えば，
$$\boldsymbol{a}_1=\begin{bmatrix} 1 \\ 0 \\ 0 \end{bmatrix}, \quad \boldsymbol{a}_2=\begin{bmatrix} 1 \\ 1 \\ 0 \end{bmatrix}, \quad \boldsymbol{a}_3=\begin{bmatrix} 2 \\ 1 \\ 0 \end{bmatrix}$$

とおくと，3 つのベクトルのうち，どの 2 つを取っても 1 次独立だが $\begin{vmatrix} 1 & 1 & 2 \\ 0 & 1 & 1 \\ 0 & 0 & 0 \end{vmatrix}=0$ より $\boldsymbol{a}_1$, $\boldsymbol{a}_2$, $\boldsymbol{a}_3$ は 1 次従属になる．

他にも 1 次独立な 2 つのベクトルとそれらの 1 次結合で表されるベクトルの組を考えれば反例が容易に作れる．

(2)
$$\boldsymbol{a}_1=\begin{bmatrix} x_1 \\ y_1 \\ z_1 \end{bmatrix}, \quad \boldsymbol{a}_2=\begin{bmatrix} x_2 \\ y_2 \\ z_2 \end{bmatrix}, \quad \boldsymbol{a}_3=\begin{bmatrix} x_3 \\ y_3 \\ z_3 \end{bmatrix}$$

とおくと，$\boldsymbol{a}_1$, $\boldsymbol{a}_1+\boldsymbol{a}_2$, $\boldsymbol{a}_1+\boldsymbol{a}_2+\boldsymbol{a}_3$ が 1 次独立であることから

$$\begin{vmatrix} x_1 & x_1+x_2 & x_1+x_2+x_3 \\ y_1 & y_1+y_2 & y_1+y_2+y_3 \\ z_1 & z_1+z_2 & z_1+z_2+z_3 \\ (1) & (2) & (3) \end{vmatrix} \neq 0$$

である．列基本変形により $((3)-(2), (2)-(1))$

$$\begin{vmatrix} x_1 & x_2 & x_3 \\ y_1 & y_2 & y_3 \\ z_1 & z_1 & z_3 \end{vmatrix} \neq 0$$

となるがこれは $\boldsymbol{a}_1$, $\boldsymbol{a}_2$, $\boldsymbol{a}_3$ が 1 次独立であることを示している．

演習 5.3 まず，拡大係数行列を基本変形し，解を求める．

$$\begin{bmatrix} 3 & 1 & 1 & 1 & | & 0 \\ 5 & -1 & 1 & -1 & | & 0 \end{bmatrix} \begin{array}{c} \cdots ① \\ \cdots ② \end{array} \xrightarrow{① \times \frac{1}{3}} \begin{bmatrix} 1 & \frac{1}{3} & \frac{1}{3} & \frac{1}{3} & | & 0 \\ 5 & -1 & 1 & -1 & | & 0 \end{bmatrix}$$

$$\xrightarrow{\text{②}-\text{①}\times 5}\begin{bmatrix} 1 & \frac{1}{3} & \frac{1}{3} & \frac{1}{3} & 0 \\ 0 & -\frac{8}{3} & -\frac{2}{3} & -\frac{8}{3} & 0 \end{bmatrix}$$

$$\xrightarrow{\text{②}\times\left(-\frac{3}{8}\right)}\begin{bmatrix} 1 & \frac{1}{3} & \frac{1}{3} & \frac{1}{3} & 0 \\ 0 & 1 & \frac{1}{4} & 1 & 0 \end{bmatrix}$$

$$\xrightarrow{\text{①}-\text{②}\times\frac{1}{3}}\begin{bmatrix} 1 & 0 & \frac{1}{4} & 0 & 0 \\ 0 & 1 & \frac{1}{4} & 1 & 0 \end{bmatrix}$$

よって $\begin{cases} x+\frac{1}{4}z=0 \\ y+\frac{1}{4}z+w=0 \end{cases}$ となり，$z=s, w=t$ $(s, t\in\mathbb{R}, (s, t)\neq(0, 0))$ とおいて

$$x=-\frac{1}{4}s, \quad y=-\frac{1}{4}s-t.$$

したがって与えられた方程式の解は $\begin{bmatrix} x \\ y \\ z \\ w \end{bmatrix}=s\begin{bmatrix} -\frac{1}{4} \\ -\frac{1}{4} \\ 1 \\ 0 \end{bmatrix}+t\begin{bmatrix} 0 \\ -1 \\ 0 \\ 1 \end{bmatrix}$ となるので，

$$\left\{\begin{bmatrix} x \\ y \\ z \\ w \end{bmatrix}\;\middle|\;\begin{cases} 3x+y+z+w=0 \\ 5x-y+z-w=0 \end{cases},\; x,\, y,\, z,\, w\in\mathbb{R}\right\}$$

$$=\left\{s\begin{bmatrix} -\frac{1}{4} \\ -\frac{1}{4} \\ 1 \\ 0 \end{bmatrix}+t\begin{bmatrix} 0 \\ -1 \\ 0 \\ 1 \end{bmatrix}\;\middle|\;\begin{matrix} s,\, t\in\mathbb{R} \\ (s,\, t)\neq(0,\, 0) \end{matrix}\right\}=\left\langle\begin{bmatrix} -\frac{1}{4} \\ -\frac{1}{4} \\ 1 \\ 0 \end{bmatrix},\;\begin{bmatrix} 0 \\ -1 \\ 0 \\ 1 \end{bmatrix}\right\rangle$$

一方 $\begin{bmatrix} -\frac{1}{4} \\ -\frac{1}{4} \\ 1 \\ 0 \end{bmatrix}$ と $\begin{bmatrix} 0 \\ -1 \\ 0 \\ 1 \end{bmatrix}$ は定数倍で移りあわないので1次独立．よって求める解空間の基底は

$\left\{\begin{bmatrix} -\frac{1}{4} \\ -\frac{1}{4} \\ 1 \\ 0 \end{bmatrix},\;\begin{bmatrix} 0 \\ -1 \\ 0 \\ 1 \end{bmatrix}\right\}$，次元は 2．

実際には解空間の次元は与えられた連立方程式の解の自由度と等しくなっている．

演習 5.4 (1) 題意より

$$f\left(\begin{bmatrix} x \\ y \\ z \\ w \end{bmatrix}\right) = \begin{bmatrix} -2 & -2 & 0 & 0 \\ 1 & 1 & 0 & 0 \\ 0 & 0 & 1 & -1 \end{bmatrix} \begin{bmatrix} x \\ y \\ z \\ w \end{bmatrix} = \begin{bmatrix} -2x-2y \\ x+y \\ z-w \end{bmatrix} = \mathbf{0} \quad (x, y, z, w \in \mathbb{R}).$$

を考える. 連立方程式

$$\begin{cases} -2x-2y = 0 \\ x+y = 0 \\ z-w = 0 \end{cases}$$

を解いて, $x = s$, $z = t$ ($s, t \in \mathbb{R}$) とおくと, $y = -s$, $w = t$ より求める解は

$$\begin{bmatrix} x \\ y \\ z \\ w \end{bmatrix} = \begin{bmatrix} s \\ -s \\ t \\ t \end{bmatrix} = s \begin{bmatrix} 1 \\ -1 \\ 0 \\ 0 \end{bmatrix} + t \begin{bmatrix} 0 \\ 0 \\ 1 \\ 1 \end{bmatrix}.$$

よって,

$$\operatorname{Ker} f = \left\{ \begin{bmatrix} x \\ y \\ z \\ w \end{bmatrix} \middle| x, y, z \in \mathbb{R}, \ f\left(\begin{bmatrix} x \\ y \\ z \\ w \end{bmatrix}\right) = \mathbf{0} \right\} = \left\langle \begin{bmatrix} 1 \\ -1 \\ 0 \\ 0 \end{bmatrix}, \begin{bmatrix} 0 \\ 0 \\ 1 \\ 1 \end{bmatrix} \right\rangle$$

$\begin{bmatrix} 1 \\ -1 \\ 0 \\ 0 \end{bmatrix}$ と $\begin{bmatrix} 0 \\ 0 \\ 1 \\ 1 \end{bmatrix}$ は定数倍で移りあわないので 1 次独立であり, 求める基底は

$$\left\{ \begin{bmatrix} 1 \\ -1 \\ 0 \\ 0 \end{bmatrix}, \begin{bmatrix} 0 \\ 0 \\ 1 \\ 1 \end{bmatrix} \right\}, \quad \dim(\operatorname{Ker} f) = 2.$$

(2)

$$\operatorname{Im} f = \left\{ \begin{bmatrix} -2x-2y \\ x+y \\ z+w \end{bmatrix} \middle| x, y, z \in \mathbb{R} \right\}.$$

ここで, $\begin{bmatrix} -2x-2y \\ x+y \\ z+w \end{bmatrix} = x \begin{bmatrix} -2 \\ 1 \\ 0 \end{bmatrix} + y \begin{bmatrix} -2 \\ 1 \\ 0 \end{bmatrix} + z \begin{bmatrix} 0 \\ 0 \\ 1 \end{bmatrix} + w \begin{bmatrix} 0 \\ 0 \\ -1 \end{bmatrix}$

$$= (x+y) \begin{bmatrix} -2 \\ 1 \\ 0 \end{bmatrix} + (z-w) \begin{bmatrix} 0 \\ 0 \\ 1 \end{bmatrix} \text{ より,}$$

$$\operatorname{Im} f = \left\langle \begin{bmatrix} -2 \\ 1 \\ 0 \end{bmatrix}, \begin{bmatrix} 0 \\ 0 \\ 1 \end{bmatrix} \right\rangle.$$

$\begin{bmatrix} -2 \\ 1 \\ 0 \end{bmatrix}$ と $\begin{bmatrix} 0 \\ 0 \\ 1 \end{bmatrix}$ は定数倍で移りあわないので 1 次独立であり, 求める基底は

$$\left\{ \begin{bmatrix} -2 \\ 1 \\ 0 \end{bmatrix}, \begin{bmatrix} 0 \\ 0 \\ 1 \end{bmatrix} \right\}, \quad \dim(\mathrm{Im}\, f) = 2.$$

演習 5.5 (1) f は全射ではない.

もし f が全射だったとすると, 全ての $\boldsymbol{y} \in \mathbb{R}^3$ について $f(\boldsymbol{x}) = \boldsymbol{y}$ を満たす $\boldsymbol{x} \in \mathbb{R}^2$ が存在しなければならない. 例えば $\boldsymbol{y} = \begin{bmatrix} 1 \\ 0 \\ 2 \end{bmatrix}$ に対し $\begin{bmatrix} x_1 \\ x_2 \end{bmatrix}$ が $f(\boldsymbol{x}) = \boldsymbol{y}$ であったとすると

$$f(\boldsymbol{x}) = \begin{bmatrix} 1 & -2 \\ 2 & -1 \\ -1 & 2 \end{bmatrix} \begin{bmatrix} x \\ y \end{bmatrix} = \begin{bmatrix} x_1 - 2x_2 \\ 2x_1 - x_2 \\ -x_1 + 2x_2 \end{bmatrix} = \begin{bmatrix} 1 \\ 0 \\ 2 \end{bmatrix}.$$

各成分を比較して

$$\begin{cases} x_1 - 2x_2 = 1 \\ 2x_1 - x_2 = 0 \\ -x_1 + 2x_2 = 2 \end{cases}$$

でなければいけないが, このような x_1, x_2 の組は存在せず仮定に矛盾する.

(2) f は単射である.

$\forall \boldsymbol{x}, \forall \boldsymbol{y} \in \mathbb{R}^2$ に対し「$f(\boldsymbol{x}) = f(\boldsymbol{y})$ ならば $\boldsymbol{x} = \boldsymbol{y}$」を示す.

$\boldsymbol{x} = \begin{bmatrix} x_1 \\ x_2 \end{bmatrix}$, $\boldsymbol{y} = \begin{bmatrix} y_1 \\ y_2 \end{bmatrix}$ とおくと仮定より

$$\begin{bmatrix} 1 & -2 \\ 2 & -1 \\ -1 & 2 \end{bmatrix} \begin{bmatrix} x_1 \\ x_2 \end{bmatrix} = \begin{bmatrix} 1 & -2 \\ 2 & -1 \\ -1 & 2 \end{bmatrix} \begin{bmatrix} y_1 \\ y_2 \end{bmatrix}.$$

各成分を比較して

$$\begin{cases} x_1 - 2x_2 = y_1 - 2y_2 \\ 2x_1 - x_2 = 2y_1 - y_2 \\ -x_1 + 2x_2 = -y_1 + 2y_2 \end{cases}$$

整理して

$$\begin{cases} x_1 - 2x_2 = y_1 - 2y_2 \\ 2x_1 - x_2 = 2y_1 - y_2 \end{cases}$$

となる. 2 つの式を辺々加えて $3x_1 - 3x_2 = 3y_1 - 3y_2$. よって $x_1 - x_2 = y_1 - y_2$.

これと第一式から $x_1 = y_1$, $x_2 = y_2$ を得る. 以上により $\boldsymbol{x} = \boldsymbol{y}$ が示された.

第 6 章

問題 6.1 固有方程式は

$$\begin{vmatrix} -\lambda & -4 & 4 \\ 2 & 6-\lambda & -4 \\ 1 & 2 & -\lambda \end{vmatrix} = 8 - 12\lambda + 6\lambda^2 - \lambda^3 = (\lambda - 2)^3 = 0.$$

よって, A の固有値は 2(重複度 3). 求める固有ベクトルを $\begin{bmatrix} x \\ y \\ z \end{bmatrix}$ とおく.

$$\begin{bmatrix} 0 & -4 & 4 \\ 2 & 6 & -4 \\ 1 & 2 & 0 \end{bmatrix} \begin{bmatrix} x \\ y \\ z \end{bmatrix} = 2 \begin{bmatrix} x \\ y \\ z \end{bmatrix}$$ を連立方程式に直して $\begin{cases} -4y + 4z = 2x \\ 2x + 6y - 4z = 2y \\ x + 2y = 2z \end{cases}$.

よって, $x + 2y = 2z$ を得る. $y = s, z = t$ (s, t : 任意の実数, $(s, t) \neq (0, 0)$) とおくと $x = -2s + 2t$ より,

$$\begin{bmatrix} x \\ y \\ z \end{bmatrix} = \begin{bmatrix} -2s + 2t \\ s \\ t \end{bmatrix} = s \begin{bmatrix} -2 \\ 1 \\ 0 \end{bmatrix} + t \begin{bmatrix} 2 \\ 0 \\ 1 \end{bmatrix}.$$

よって固有値 2 に対応する (1 次独立な) 固有ベクトルは $\begin{bmatrix} -2 \\ 1 \\ 0 \end{bmatrix}, \begin{bmatrix} 2 \\ 0 \\ 1 \end{bmatrix}$ となる.

ここで, 上の解の中の $(s, t) \neq (0, 0)$ は s と t が同時には 0 にならないという意味.

問題 6.2 固有方程式 $\begin{vmatrix} 3 - \lambda & -1 \\ 1 & 1 - \lambda \end{vmatrix} = \lambda^2 - 4\lambda + 4 = (\lambda - 2)^2 = 0$ を解くと, 固有値は 2 のみ (重複度 2).

固有値 2 に対応する固有ベクトルを $\begin{bmatrix} x \\ y \end{bmatrix}$ とおくと, $B \begin{bmatrix} x \\ y \end{bmatrix} = 2 \begin{bmatrix} x \\ y \end{bmatrix}$ より, $\begin{cases} 3x - y = 2x \\ x + y = 2y \end{cases}$

よって $x = y$ を得る. $x = k$, ($k \in \mathbb{R}, k \neq 0$) とおくと $y = k$ となり, 求める固有ベクトルは

$$\begin{bmatrix} k \\ k \end{bmatrix} = k \begin{bmatrix} 1 \\ 1 \end{bmatrix}.$$

固有値 2 に対応する固有ベクトルの数 1 が重複度 2 と一致しないので, B は対角化不可能である.

問題 6.3

Step. 1

$\begin{bmatrix} 0 \\ 0 \\ 1 \end{bmatrix}$ はノルム 1 なのでそのままでよい.

Step. 2

$\begin{bmatrix} 0 \\ 1 \\ 1 \end{bmatrix} - \left(\begin{bmatrix} 0 \\ 1 \\ 1 \end{bmatrix} \cdot \begin{bmatrix} 0 \\ 0 \\ 1 \end{bmatrix} \right) \begin{bmatrix} 0 \\ 0 \\ 1 \end{bmatrix} = \begin{bmatrix} 0 \\ 1 \\ 0 \end{bmatrix}$. このノルムも 1.

Step. 3

$\begin{bmatrix} 1 \\ 1 \\ 1 \end{bmatrix} - \left(\begin{bmatrix} 1 \\ 1 \\ 1 \end{bmatrix} \cdot \begin{bmatrix} 0 \\ 0 \\ 1 \end{bmatrix} \right) \begin{bmatrix} 0 \\ 0 \\ 1 \end{bmatrix} - \left(\begin{bmatrix} 1 \\ 1 \\ 1 \end{bmatrix} \cdot \begin{bmatrix} 0 \\ 1 \\ 0 \end{bmatrix} \right) \begin{bmatrix} 0 \\ 1 \\ 0 \end{bmatrix} = \begin{bmatrix} 1 \\ 0 \\ 0 \end{bmatrix}$. このノルムも 1.

よって正規直交基底 $\left\{ \begin{bmatrix} 0 \\ 0 \\ 1 \end{bmatrix}, \begin{bmatrix} 0 \\ 1 \\ 0 \end{bmatrix}, \begin{bmatrix} 1 \\ 0 \\ 0 \end{bmatrix} \right\}$ を得る.

問題 6.4 定義より

$$\begin{bmatrix} \frac{1}{\sqrt{2}} & 0 & 0 & -\frac{1}{\sqrt{2}} \\ 0 & \frac{1}{\sqrt{2}} & -\frac{1}{\sqrt{2}} & 0 \\ 0 & \frac{1}{\sqrt{2}} & \frac{1}{\sqrt{2}} & 0 \\ \frac{1}{\sqrt{2}} & 0 & 0 & \frac{1}{\sqrt{2}} \end{bmatrix}^{-1} = {}^t\!\begin{bmatrix} \frac{1}{\sqrt{2}} & 0 & 0 & -\frac{1}{\sqrt{2}} \\ 0 & \frac{1}{\sqrt{2}} & -\frac{1}{\sqrt{2}} & 0 \\ 0 & \frac{1}{\sqrt{2}} & \frac{1}{\sqrt{2}} & 0 \\ \frac{1}{\sqrt{2}} & 0 & 0 & \frac{1}{\sqrt{2}} \end{bmatrix}$$

$$= \begin{bmatrix} \frac{1}{\sqrt{2}} & 0 & 0 & \frac{1}{\sqrt{2}} \\ 0 & \frac{1}{\sqrt{2}} & \frac{1}{\sqrt{2}} & 0 \\ 0 & -\frac{1}{\sqrt{2}} & \frac{1}{\sqrt{2}} & 0 \\ -\frac{1}{\sqrt{2}} & 0 & 0 & \frac{1}{\sqrt{2}} \end{bmatrix}$$

問題 6.5

Step. 1 A の固有方程式は

$$\begin{vmatrix} 1-\lambda & 0 & 2 \\ 0 & 1-\lambda & 2 \\ 2 & 2 & -1-\lambda \end{vmatrix} = (1-\lambda)(\lambda^2 - 9) = (1-\lambda)(\lambda - 3)(\lambda + 3) = 0.$$

よって固有値は $\lambda = -3, 1, 3$. 求める固有ベクトルを $\begin{bmatrix} x \\ y \\ z \end{bmatrix}$ とおく．

(1) 固有値 -3 のとき．

$$\begin{bmatrix} 1 & 0 & 2 \\ 0 & 1 & 2 \\ 2 & 2 & -1 \end{bmatrix} \begin{bmatrix} x \\ y \\ z \end{bmatrix} = -3 \begin{bmatrix} x \\ y \\ z \end{bmatrix} \quad \text{より} \quad \begin{cases} x + 2z = -3x \\ y + 2z = -3y \\ 2x + 2y - z = -3z \end{cases}$$

これより $x = y,\ z = -x - y$ を得る．$x = s\ (s: 実数,\ s \neq 0)$ とおくと $y = s,\ z = -2s$ となるので

$$\begin{bmatrix} x \\ y \\ z \end{bmatrix} = \begin{bmatrix} s \\ s \\ -2s \end{bmatrix} = s \begin{bmatrix} 1 \\ 1 \\ -2 \end{bmatrix}.$$

よって固有値 -3 に対応する固有ベクトルは $\begin{bmatrix} 1 \\ 1 \\ -2 \end{bmatrix}$.

(2) 固有値 1 のとき．

$$\begin{bmatrix} 1 & 0 & 2 \\ 0 & 1 & 2 \\ 2 & 2 & -1 \end{bmatrix} \begin{bmatrix} x \\ y \\ z \end{bmatrix} = \begin{bmatrix} x \\ y \\ z \end{bmatrix} \quad \text{より} \quad \begin{cases} x + 2z = x \\ y + 2z = y \\ 2x + 2y - z = z \end{cases}$$

これより $x = -y,\ z = 0$ を得る．$x = t\ (t: 実数,\ t \neq 0)$ とおくと $y = -t$ となるので

$$\begin{bmatrix} x \\ y \\ z \end{bmatrix} = \begin{bmatrix} t \\ -t \\ 0 \end{bmatrix} = t \begin{bmatrix} 1 \\ -1 \\ 0 \end{bmatrix}.$$

よって固有値 1 に対応する固有ベクトルは $\begin{bmatrix} 1 \\ -1 \\ 0 \end{bmatrix}$.

(3) 固有値 3 のとき.

$$\begin{bmatrix} 1 & 0 & 2 \\ 0 & 1 & 2 \\ 2 & 2 & -1 \end{bmatrix} \begin{bmatrix} x \\ y \\ z \end{bmatrix} = 3 \begin{bmatrix} x \\ y \\ z \end{bmatrix} \quad \text{より} \quad \begin{cases} x + 2z = 3x \\ y + 2z = 3y \\ 2x + 2y - z = 3z \end{cases}$$

これより $x = y = z$ を得る. $x = u$ (u : 実数, $u \neq 0$) とおくと $y = u$, $z = u$ となるので

$$\begin{bmatrix} x \\ y \\ z \end{bmatrix} = \begin{bmatrix} u \\ u \\ u \end{bmatrix} = u \begin{bmatrix} 1 \\ 1 \\ 1 \end{bmatrix}.$$

よって固有値 3 に対応する固有ベクトルは $\begin{bmatrix} 1 \\ 1 \\ 1 \end{bmatrix}$.

Step. 2 相異なる固有値に対応する固有ベクトルは互いに直交するので正規化のみすればよく, それぞれ $\dfrac{1}{\sqrt{6}} \begin{bmatrix} 1 \\ 1 \\ -2 \end{bmatrix}$, $\dfrac{1}{\sqrt{2}} \begin{bmatrix} 1 \\ -1 \\ 0 \end{bmatrix}$, $\dfrac{1}{\sqrt{3}} \begin{bmatrix} 1 \\ 1 \\ 1 \end{bmatrix}$.

Step. 3 Step. 1, 2 より $P = \begin{bmatrix} \dfrac{1}{\sqrt{6}} & \dfrac{1}{\sqrt{2}} & \dfrac{1}{\sqrt{3}} \\ \dfrac{1}{\sqrt{6}} & -\dfrac{1}{\sqrt{2}} & \dfrac{1}{\sqrt{3}} \\ -\dfrac{2}{\sqrt{6}} & 0 & \dfrac{1}{\sqrt{3}} \end{bmatrix}$ とおくとこれは直交行列で,

$$P^{-1}AP = \begin{bmatrix} -3 & 0 & 0 \\ 0 & 1 & 0 \\ 0 & 0 & 3 \end{bmatrix}.$$

問題 6.6 (1) $3x^2 + 2xy + y^2 = \begin{bmatrix} x & y \end{bmatrix} \begin{bmatrix} 3 & 1 \\ 1 & 1 \end{bmatrix} \begin{bmatrix} x \\ y \end{bmatrix}$

(2) $-y^2 = \begin{bmatrix} x & y \end{bmatrix} \begin{bmatrix} 0 & 0 \\ 0 & -1 \end{bmatrix} \begin{bmatrix} x \\ y \end{bmatrix}$

(3) $9x^2 - 4xy + 6y^2 = \begin{bmatrix} x & y \end{bmatrix} \begin{bmatrix} 9 & -2 \\ -2 & 6 \end{bmatrix} \begin{bmatrix} x \\ y \end{bmatrix}$

問題 6.7 与式を変形すると,

$$2(x+1)^2 - 2\left(y + \frac{1}{2}\right)^2 = 1.$$

したがって, 求める図形は

　　　双曲線 $2x^2 - 2y^2 = 1$ を x 軸の負の方向に 1, y 軸の負の方向に $\dfrac{1}{2}$ 平行移動

したものである.

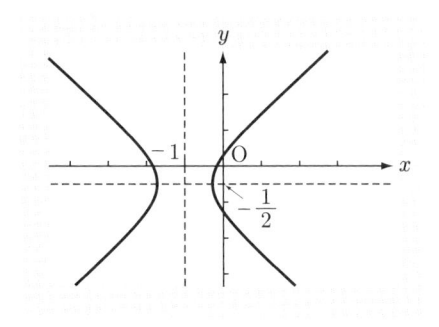

問題 6.8　与式の左辺を表列表示して $4x^2 + 4xy + 4y^2 = \begin{bmatrix} x & y \end{bmatrix} \begin{bmatrix} 4 & 2 \\ 2 & 4 \end{bmatrix} \begin{bmatrix} x \\ y \end{bmatrix}$.

$A = \begin{bmatrix} 4 & 2 \\ 2 & 4 \end{bmatrix}$ とおくと A の固有値は

$$\begin{vmatrix} 4-\lambda & 2 \\ 2 & 4-\lambda \end{vmatrix} = (2-\lambda)(6-\lambda) = 0$$

より $\lambda = 2, 6$. 対応する固有ベクトルを $\begin{bmatrix} a \\ b \end{bmatrix}$ とする.

(1)　$\lambda = 2$ のとき.

$$\begin{bmatrix} 4 & 2 \\ 2 & 4 \end{bmatrix} \begin{bmatrix} a \\ b \end{bmatrix} = 2 \begin{bmatrix} a \\ b \end{bmatrix} \quad \text{より} \quad \begin{cases} 4a + 2b = 2a \\ 2a + 4b = 2b \end{cases}$$

を解いて $a = -b$. よって $\begin{bmatrix} 1 \\ -1 \end{bmatrix}$ が固有値 2 に対応する固有ベクトル.

(2)　$\lambda = 6$ のとき.

$$\begin{bmatrix} 4 & 2 \\ 2 & 4 \end{bmatrix} \begin{bmatrix} a \\ b \end{bmatrix} = 6 \begin{bmatrix} a \\ b \end{bmatrix} \quad \text{より} \quad \begin{cases} 4a + 2b = 6a \\ 2a + 4b = 6b \end{cases}$$

を解いて $a = b$. よって $\begin{bmatrix} 1 \\ 1 \end{bmatrix}$ が固有値 6 に対応する固有ベクトル.

ここで $\begin{bmatrix} 1 \\ -1 \end{bmatrix}$, $\begin{bmatrix} 1 \\ 1 \end{bmatrix}$ は直交しているので, それぞれ正規化すると $\dfrac{1}{\sqrt{2}} \begin{bmatrix} 1 \\ -1 \end{bmatrix}$, $\dfrac{1}{\sqrt{2}} \begin{bmatrix} 1 \\ 1 \end{bmatrix}$.

よって $P = \begin{bmatrix} \frac{1}{\sqrt{2}} & \frac{1}{\sqrt{2}} \\ -\frac{1}{\sqrt{2}} & \frac{1}{\sqrt{2}} \end{bmatrix}$ とおくと P は行列式 1 の直交行列で,

$P^{-1}AP = \begin{bmatrix} 2 & 0 \\ 0 & 6 \end{bmatrix}$ となる. $\begin{bmatrix} x \\ y \end{bmatrix} = P \begin{bmatrix} X \\ Y \end{bmatrix}$ とおき, 与式に代入して

$$4x^2 - 4xy + 4y^2 = 2X^2 + 6Y^2 = \frac{X^2}{\left(\frac{1}{\sqrt{2}}\right)^2} + \frac{Y^2}{\left(\frac{1}{\sqrt{6}}\right)^2} = 1$$

と標準形が得られた（実際には代入の計算はしなくてよいことに注意!!）.

ここで $P = \begin{bmatrix} \cos\left(-\frac{\pi}{4}\right) & -\sin\left(-\frac{\pi}{4}\right) \\ \sin\left(-\frac{\pi}{4}\right) & \cos\left(-\frac{\pi}{4}\right) \end{bmatrix}$ であることから xy 軸を $-\frac{\pi}{4}$ 回転させたものが XY 軸となっている.

よって求める図形のグラフは楕円 $\dfrac{x^2}{\left(\frac{1}{\sqrt{2}}\right)^2} + \dfrac{y^2}{\left(\frac{1}{\sqrt{6}}\right)^2} = 1$ を原点のまわりに時計回りに $\dfrac{\pi}{4}$ 回転して得られる.

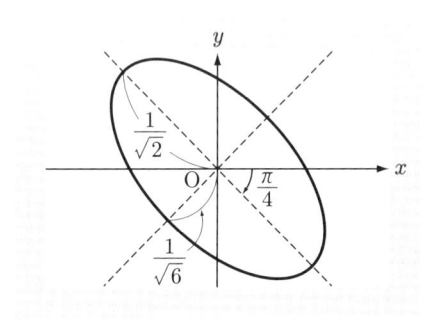

■ 演習問題 ■

演習 6.1 A の固有方程式は

$$\det(A - \lambda E) = \begin{vmatrix} a_{11} - \lambda & a_{12} & a_{13} \\ a_{21} & a_{22} - \lambda & a_{23} \\ a_{31} & a_{32} & a_{33} - \lambda \end{vmatrix}$$
$$= \lambda^3 - (a_{11} + a_{22} + a_{33})\lambda^2 + (a_{11}a_{22} + a_{11}a_{33} + a_{33}a_{22} - a_{23}a_{32} - a_{12}a_{21} - a_{13}a_{31})\lambda$$
$$- (a_{11}a_{22}a_{33} + a_{21}a_{32}a_{13} + a_{12}a_{23}a_{31} - a_{11}a_{23}a_{32} - a_{12}a_{21}a_{33} - a_{31}a_{22}a_{13}) = 0.$$

したがって λ を A とし，右辺の 0 を零行列にすれば求める式となる.

また, 与えられた行列の数値を左辺に代入して計算すると

$$A^3 - (1+0+3)A^2 + (2+3+0)A - 2E$$
$$= \begin{bmatrix} 1 & 0 & 0 \\ -2 & -6 & -7 \\ 16 & 14 & 15 \end{bmatrix} - 4\begin{bmatrix} 1 & 0 & 0 \\ 2 & -2 & -3 \\ 4 & 6 & 7 \end{bmatrix} + 5\begin{bmatrix} 1 & 0 & 0 \\ 2 & 0 & -1 \\ 0 & 2 & 3 \end{bmatrix} - 2\begin{bmatrix} 1 & 0 & 0 \\ 0 & 1 & 0 \\ 0 & 0 & 1 \end{bmatrix}$$
$$= \begin{bmatrix} 0 & 0 & 0 \\ 0 & 0 & 0 \\ 0 & 0 & 0 \end{bmatrix}$$

となり，成り立つことが確かめられる.

解　答

演習 6.2　固有方程式
$$\begin{vmatrix} a-\lambda & 0 & c \\ 0 & b-\lambda & 0 \\ c & 0 & a-\lambda \end{vmatrix} = (b-\lambda)(a+c-\lambda)(a-c-\lambda) = 0$$
を解くと固有値は $b, a+c, a-c$ となる．仮定より $b>0, a-c>0$．また $a+c = a-c+c > 0$ となるのですべての固有値が正であることが示された．

演習 6.3　固有方程式
$$\begin{vmatrix} 4-\lambda & -3 & 0 & 1 \\ 1 & 1-\lambda & 0 & 0 \\ 0 & 1 & 4-\lambda & -3 \\ 0 & 1 & 1 & -\lambda \end{vmatrix} = (2-\lambda)^3(3-\lambda) = 0$$
を解いて固有値 2 (重複度 3), 3 を得る．

固有値 2 に対応する固有ベクトルを $\begin{bmatrix} x \\ y \\ z \\ w \end{bmatrix}$ とおくと

$$\begin{bmatrix} 4 & -3 & 0 & 1 \\ 1 & 1 & 0 & 0 \\ 0 & 1 & 4 & -3 \\ 0 & 1 & 1 & 0 \end{bmatrix} \begin{bmatrix} x \\ y \\ z \\ w \end{bmatrix} = 2 \begin{bmatrix} x \\ y \\ z \\ w \end{bmatrix}$$

より
$$\begin{cases} 4x - 3y + w = 2x \\ x + y = 2y \\ y + 4z - 3w = 2z \\ y + z = 2w \end{cases}$$

これから $x = y = z = w$．よって固有値 2 に対応する固有ベクトルは $\begin{bmatrix} 1 \\ 1 \\ 1 \\ 1 \end{bmatrix}$．

固有値 2 の重複度 3 と固有ベクトルの数 1 が一致しないので，対角化は不可能．

演習 6.4　$x^2 - y^2$ を行列表示させると
$$x^2 - y^2 = \begin{bmatrix} x & y \end{bmatrix} \begin{bmatrix} 1 & 0 \\ 0 & -1 \end{bmatrix} \begin{bmatrix} x \\ y \end{bmatrix}.$$

ベクトル $\begin{bmatrix} x \\ y \end{bmatrix}$ を原点のまわりに $\dfrac{\pi}{3}$ 回転して得られるベクトルを $\begin{bmatrix} X \\ Y \end{bmatrix}$ とおくと，直交行列
$$P = \begin{bmatrix} \cos\frac{\pi}{3} & -\sin\frac{\pi}{3} \\ \sin\frac{\pi}{3} & \cos\frac{\pi}{3} \end{bmatrix}$$
を用いて
$$\begin{bmatrix} X \\ Y \end{bmatrix} = P^{-1} \begin{bmatrix} x \\ y \end{bmatrix}$$

と書ける．したがって，

$$\begin{aligned}
x^2 - y^2 &= {}^t\!\left[P\begin{bmatrix}X\\Y\end{bmatrix}\right]\begin{bmatrix}1 & 0\\0 & -1\end{bmatrix}P\begin{bmatrix}X\\Y\end{bmatrix}\\
&= \begin{bmatrix}X & Y\end{bmatrix}{}^t\!P\begin{bmatrix}1 & 0\\0 & -1\end{bmatrix}P\begin{bmatrix}X\\Y\end{bmatrix}\\
&= \begin{bmatrix}X & Y\end{bmatrix}\begin{bmatrix}\cos\dfrac{2\pi}{3} & -\sin\dfrac{2\pi}{3}\\ -\sin\dfrac{2\pi}{3} & -\cos\dfrac{2\pi}{3}\end{bmatrix}\begin{bmatrix}X\\Y\end{bmatrix}\\
&= -\dfrac{1}{2}X^2 - \sqrt{3}\,XY + \dfrac{1}{2}Y^2.
\end{aligned}$$

さらに x 軸の正の方向に 2，y 軸の負の方向に 1 だけ平行移動して，求める 2 次曲線の方程式は

$$\begin{aligned}
&\dfrac{1}{2}(x-2)^2 + \sqrt{3}\,(x-2)(y+1) - \dfrac{1}{2}(y+1)^2\\
&= \dfrac{1}{2}x^2 + \sqrt{3}\,xy + (-2+\sqrt{3})x - (1+2\sqrt{3})y - \dfrac{1}{2}y^2 + \dfrac{3}{2} - 2\sqrt{3} = 0
\end{aligned}$$

となる（前半は例題 6.10 のようにして求めてもよい）．

演習 6.5

$$9x^2 - 4xy + 6y^2 - 10x - 20y - 5 = 9(x-1)^2 + 6(y-2)^2 - 4(x-1)(y-2) - 30$$

と変形できる．これは 2 次曲線 $9x^2 - 4xy + 6y^2 - 30 = 0$ を x 軸の正方向に 1，y 軸の正方向に 2 だけ平行移動した曲線である．一方

$$\begin{aligned}
9x^2 - 4xy + 6y^2 &= \begin{bmatrix}x & y\end{bmatrix}\begin{bmatrix}9 & -2\\ -2 & 6\end{bmatrix}\begin{bmatrix}x\\y\end{bmatrix}\\
&= \begin{bmatrix}x & y\end{bmatrix}\dfrac{1}{\sqrt{5}}\begin{bmatrix}2 & 1\\ -1 & 2\end{bmatrix}\begin{bmatrix}10 & 0\\ 0 & 5\end{bmatrix}\dfrac{1}{\sqrt{5}}\begin{bmatrix}2 & -1\\ 1 & 2\end{bmatrix}\begin{bmatrix}x\\y\end{bmatrix}
\end{aligned}$$

となるので（対称行列の対角化の部分の計算は省略した）

$\begin{bmatrix}X\\Y\end{bmatrix} = \dfrac{1}{\sqrt{5}}\begin{bmatrix}2 & -1\\ 1 & 2\end{bmatrix}\begin{bmatrix}x\\y\end{bmatrix}$ とおくと，$9x^2 - 4xy + 6y^2 = 10X^2 + 5Y^2$ と書ける．よって $\begin{bmatrix}\cos\theta & -\sin\theta\\ \sin\theta & \cos\theta\end{bmatrix} = \dfrac{1}{\sqrt{5}}\begin{bmatrix}2 & -1\\ 1 & 2\end{bmatrix}$ となるような角を θ とおくと，問題の 2 次曲線は楕円 $10x^2 + 5y^2 = 1$ を角度 θ だけ反時計まわりに回転した後，x 軸の正の方向に 1，y 軸の正の方向に 2 だけ平行移動した曲線となる．

索　引

あ　行

位置ベクトル　34
一般のクラメールの公式　57

か　行

解空間　99
階数　65
階段行列　65
回転　124
解の自由度　70
可換　12
核　94
拡大係数行列　21
可能解　135
基底　85
基底の取りかえ行列　88
基底変数　137
基本ベクトル　33
逆行列　16
逆ベクトル　31
行　1
行基本変形　21
行列　1
行列式　18
空集合　75
クラメールの公式　19

クロネッカーのデルタ　14
係数行列　21
2次のケーリー-ハミルトンの定理　102
元　75
合成関数　91
固有値　100
固有ベクトル　100
固有方程式　100

さ　行

差　7
最適解　135
サラスの公式　50
次元　85
次数　94
写像　89
集合　75
シュミットの正規直交化法　108
消去法　23
スカラー倍　32
スカラー倍の公理　77
スラック関数　136
正規直交基底　106
正規ベクトル　106
正射影　108
正則行列　16

成分　2
成分表示　33
正方行列　3
制約条件　135
積　10
零因子　12
零行列　5
零（ゼロ）ベクトル　30
線形空間　77
線形計画法　135
線形写像　92
（写像の）線形性　92
（ベクトルの）線形性　77
全射　89
全単射　90
線分のパラメータ表示　43
像　89, 94
相似　140
相等　4

た　行

対角化　104
対角行列　5
対角成分　5
対称行列　6
縦ベクトル　4
単位行列　5
単位ベクトル　30
単射　90
単体法　135
直線のパラメータ表示　43
直交行列　111
定義域　89
転置行列　6
特性多項式　101

な　行

内積　38
内分　40
2次曲線　119
2次形式　118
ノルム　30, 36

は　行

（ガウスの）掃き出し法　23
張る　84
ピボット　137
表現行列　96
標準基底　33
標準形　119
平行　31
平行移動　122
平面のパラメータ表示　44
ベクトル　4, 29
ベクトル空間　77
ベクトルの正規化　106

ま　行

目的関数　135

や　行

有向線分　29
余因子　53
余因子展開定理　56
横ベクトル　4
余因子展開　56

ら行

列　1

わ行

和　7
和の公理　77

欧字

(i, j) 成分　2
$x \in S$　75
1 次結合　80
1 次従属　82
1 次独立　82

著者略歴

鈴木 香織
(すずき かおり)

2003年 東京大学大学院数理科学研究科数理科学専攻
博士課程修了
東京大学大学院数理科学研究科研究拠点形成特任
研究員，埼玉工業大学，工学院大学，明星大学，
東京海洋大学，首都大学東京，東京工業大学
非常勤講師および教務補佐員を経て
現 在 横浜国立大学経営学部経営システム科学科准教授
博士（数理科学）

ライブラリ 数学コア・テキスト＝1
コア・テキスト 線形代数

2010年10月25日 ⓒ	初版発行
2020年 9月25日	初版第5刷発行

著 者	鈴木香織	発行者	森平敏孝
		印刷者	馬場信幸
		製本者	小西惠介

発行所　株式会社 サイエンス社

〒151-0051 東京都渋谷区千駄ヶ谷1丁目3番25号
営業 ☎(03) 5474-8500（代）　振替 00170-7-2387
編集 ☎(03) 5474-8600（代）
FAX ☎(03) 5474-8900

印刷 三美印刷（株）　製本 ブックアート
《検印省略》

本書の内容を無断で複写複製することは，著作者および
出版者の権利を侵害することがありますので，その場合
にはあらかじめ小社あて許諾をお求め下さい．

ISBN978-4-7819-1264-6
PRINTED IN JAPAN

サイエンス社のホームページのご案内
http://www.saiensu.co.jp
ご意見・ご要望は
rikei@saiensu.co.jp まで．